高等院校计算机应用技术规划教材

U0316935

计算机组装与维护

孙中胜◎主　编

汪志宏　黎　林　曹俊呈
　　　　　　　　　　　　◎副主编
陈国远　盛　楠

中国铁道出版社有限公司

CHINA RAILWAY PUBLISHING HOUSE CO., LTD.

内 容 简 介

本书结合计算机硬件产品知识，以浅显易懂的语言讲解计算机硬件相关的理论知识；从系统的角度介绍计算机的硬件、软件组成；结合大量的实践操作经验介绍计算机的硬件组装、软件安装，计算机故障的判断、检测与排除。本书以理论与实验相结合的方式，以计算机硬件的组装操作、软件系统的建立作为实验的预备知识，相关的重点作为实验的主要内容，硬件系统和软件系统建立的操作流程作为实验的步骤。

本书的计算机理论知识介绍和实践操作并重，强调实践。通过本书的学习，读者能够迅速、清晰地掌握计算机硬件、软件的安装、操作和应用技能。

本书适用于高等院校非计算机专业的教材，也可作为计算机爱好者的自学用书，还可作为计算机硬件安装、软件安装以及故障排除的参考工具用书。

图书在版编目（CIP）数据

计算机组装与维护/孙中胜主编.—3 版.—北京:中国
铁道出版社有限公司，2021.7（2024.1 重印）
高等院校计算机应用技术规划教材
ISBN 978-7-113-28018-5

Ⅰ.①计⋯ Ⅱ.①孙⋯ Ⅲ.①电子计算机-组装-高等
学校-教材②计算机维护-高等学校-教材 Ⅳ.① TP30

中国版本图书馆 CIP 数据核字(2021)第 104683 号

书　　名：计算机组装与维护		
作　　者：孙中胜		

策　　划：贾　星	编辑部电话：（010）63549501
责任编辑：贾　星　李学敏	
封面设计：高博越	
责任校对：孙　玫	
责任印制：樊启鹏	

出版发行：中国铁道出版社有限公司（100054，北京市西城区右安门西街 8 号）
网　　址：http://www.tdpress.com/51eds/
印　　刷：北京铭成印刷有限公司
版　　次：2013 年 1 月第 1 版　2021 年 7 月第 3 版　2024 年 1 月第 2 次印刷
开　　本：787 mm×1 092 mm 1/16　印张：15.75　字数：382 千
书　　号：ISBN 978-7-113-28018-5
定　　价：43.00 元

前言

随着计算机应用的普及，计算机组装和软、硬件故障的处理成为当代应用型技术人才必备的技能，越来越多的高校选择开设计算机组装维护方面的课程。

本书在第二版的基础上，与时俱进地结合计算机硬件和软件的发展进行了更新改编，以通俗易懂的语言，详细地讲解了人们关注的 CPU 芯片制作；增加了笔记本电脑拆装维护的知识。全书结合计算机硬件产品知识，以浅显易懂的语言讲解与计算机硬件相关的理论知识，从系统的角度介绍微机的硬件组成和软件组成，结合大量的实践操作经验介绍计算机的硬件组装、软件安装，计算机故障的判断、检测与排除。可按本校的教学需要系统地安排实验部分的教学。

本书对计算机主要的基本概念进行详细介绍与讲解。其中，介绍计算机软、硬件组装的流程，意在让读者建立起完整的计算机软、硬件组装的程序概念；结合硬件的商品信息介绍，讲解了计算机的硬件知识；分别介绍 BIOS 知识、内存存储知识、硬盘存储知识、注册表知识等。详细介绍计算机硬件、系统软件和应用软件的安装操作；讲述计算机系统存储的知识、系统优化的原理、系统优化的操作方法以及系统优化软件的操作方法；由于办公自动化设备应用的进一步普及，书中有专门的章节归纳介绍了扫描仪、打印机的安装、应用和故障处理，介绍了网络的基本原理，计算机系统硬件和软件的维护，信息安全的防护知识，计算机运行故障的排除方法以及故障排除操作中的注意事项。

本书采用理论与实验相结合的编写方式：第 1 篇为全书的知识预备篇，介绍计算机硬件组装、软件系统安装和系统安全及维护的实验预备知识；第 2 篇为实验篇，要求读者在掌握前述知识后，完成硬件系统组装和软件系统安装、系统安全及维护的实验任务。

本书由孙中胜任主编，汪志宏、黎林、曹俊呈、陈国远、盛楠任副主编。具体编写分工如下：第 1～3 章、第 8 章、第 11 章、实验 2、实验 3.1 由合肥财经职业学院孙中胜编写，并负责全书的统稿、审定；第 4 章、实验 1.4、实验 1.6 由合肥财经职业学院盛楠编写；第 5 章、第 12 章由瑞兴汽车电子公司曹俊呈编写；第 6 章、第 9 章、第 10 章由安徽大学汪志宏编写；第 7 章、实验 1.1、实验 1.2、实验 1.3 由安徽大学黎林编写；实验 1.5、实验 3.1、实验 3.2 由瑞普照明系统公司陈国远编写。安徽大学张磊、吴福虎、于蒨三位老师给予了大力协助。

本书编写过程中汲取到多方信息，得到很多专家、学者的热诚帮助。在此，谨向对本书提供帮助的所有朋友一并致谢，唯以加倍的努力来予以报答。

由于编者水平有限，书中难免存在疏漏和不足之处，恳请读者批评指正。

编者

2021 年 3 月于合肥

目 录

第1篇 基 础 知 识

第 2 篇　实　　验

基 础 知 识

内容要点：

- 计算机发展简史
- 计算机系统组成

  计算机硬件系统组成　　　计算机软件系统组成

- 计算机主机
- CPU　内存　主板　机箱与电源　笔记本电脑　外围存储设备

  输入设备　输出设备　网络设备　办公设备

　　本篇为基础知识篇，介绍计算机硬件组装、软件系统安装与系统安全及维护的实验预备知识。

第 1 章 | 计算机发展史

计算机科学和计算机应用向着通用式和嵌入式两大方向发展。通用式计算机包括 PC、笔记本电脑等，其特点是向机内安装不同的功能软件，就能使用该机完成相应的工作及功能。嵌入式计算机的软、硬件则适任务而裁剪，以匹配对功能、可靠性、成本、体积、功耗等有严格要求的专用计算机系统。总之，计算机科学与技术将更深入、更紧密地与各专业、各学科结合。所以，人们要想更好、更自如地使用计算机，就需要掌握计算机组装与维护的软、硬件知识。

1.1 计算机简史

计算机在诞生和发展的历程中发生了很多经典的故事，不仅具有信息产业界里程碑式的意义，且对后人具有极大的启迪、教育和鞭策作用。

1. 阿贝丁火车站的邂逅

1944 年仲夏的一个傍晚，在阿贝丁火车站，ENIAC（埃尼阿克，世界上第一台电子计算机）研制小组的军方代表高德斯坦中尉正等候去费城的火车，与事后被尊称为计算机之父的冯·诺依曼教授邂逅。高德斯坦中尉向教授请教了早已埋藏心中的几个数学难题。

正是这次邂逅，导致冯·诺依曼教授加入 ENIAC 的研制工作。冯·诺依曼的加盟，引导了电子计算机的研制向二进制和存储程序的方向发展，从此奠定了电子计算机的基本构成应包含运算器、控制器、存储器、输入和输出设备，即经典的冯氏电子计算机的基本构成。

2. Apple 的诞生

20 世纪 70 年代初，在美国众多计算机爱好者中有一对好朋友，利德学院的大学生史蒂夫·乔布斯（Steve Jobs）和加州伯克利分校的大学生史蒂夫·沃兹尼亚克（Steve Wozniak），分别从各自就读的大学辍学，并参加了一个"自制电脑俱乐部"。受 MITS 公司 Altair 8800（牛郎星）微型计算机的影响，他们希望设计制造一台为个人使用的、操作灵活的、价廉的微型计算机。

1975 年 6 月，他们花了 20 美元买来 6502 微处理器，设计并发明制造出了一台微型计算机。随后，他们组建了苹果（Apple）公司，并将这台计算机命名为"Apple I"。

1977 年 5 月，苹果公司研制的"Apple II"获得了空前的成功，一举占据了 20 世纪 70 年代美国的微型计算机市场。

今天，乔布斯创建的苹果公司所研发的 iPhone 和 iPad 风靡于全世界。

3．跳棋计划

面对微型计算机的强烈冲击，1980 年下半年，IBM 公司组建了一个由 8 名工程师和 5 名市场销售人员组成的 13 人小组，由 Don Estridge（D.埃斯特利奇）负责执行开发个人计算机的"跳棋计划"。埃斯特利奇打破了 IBM 公司的传统，"跳棋计划"采用开放式模块型设计结构，公开了（除 BIOS 之外）完整的技术资料（包括系统指令代码），CPU 采用 Intel 公司的 8088 微处理器，操作系统选用 Microsoft（微软）公司的 MS-DOS。

"跳棋计划"的成功，其开放式的战略，培植出众多兼容机厂商（除 IBM 生产的个人计算机外，其他厂商生产的个人计算机均为兼容机）。很快，PC（个人计算机）几乎占据整个微型计算机市场。"跳棋计划"促进了计算机的普及，加速了信息社会的到来。

4．摩尔定律（Moore's Law）

Intel 公司的创始人之一，戈登·摩尔（Gordon Moore），在 1965 年总结存储器芯片增长规律时指出：集成电路芯片上所集成的电路的数目，每隔 18 个月就翻一番。微处理器的性能每隔 18 个月提高一倍，而价格下降一半。

摩尔定律的极限：1 纳米（nm），这大约是 10 个原子的长度。摩尔定律已多次被宣称达到其极限，由于科学家们在物理、化学、材料等多个领域的创新，极限一次又一次被打破。现在的技术允许人们直接对原子进行排列，理论上会制造出小于 1 nm 的晶体管。即使这样，也有一天制造工艺将达到完全的物理极限。

微处理器领域传奇人物 Jim Keller 总结说：很多人认为摩尔定律代表的不过是晶体管变得越来越小，但实际上摩尔定律代表的是推动这一变化背后的千千万万个技术创新。对于某个技术来说，它会随着时代的演进而逐渐落伍，但大量这样的技术创新结合在一起，就能推动整个领域不断向前。

1.2　微处理器及个人计算机发展简史

20 世纪 70 年代发明的微处理器，带来了计算机的革命。微处理器以及由相应微处理器组建的微型计算机的发展历程如下：

（1）1971 年，Intel 公司推出全球第一个微处理器 4004。

（2）1972 年，Intel 公司生产出 8 位的微处理器 8008。1976 年，采用 R6502 微处理器的 Apple I 微机诞生，翻开了微机飞速发展的新时代。

计算机发展简史

（3）1978 年，8086 CPU，16 位字长，COMS 工艺，线宽 1.5 µm，内部有约 2.9 万个晶体管，4.77 MHz。

（4）1979 年，8088 CPU，准 16 位字长，内部字长 16 位，外部字长 8 位。

1981 年，IBM 公司研发出了 PC，PC 采用 Intel 公司的 8088 CPU 和微软公司的 DOS 操作系统。

1983 年，IBM 公司推出带有 10 MB 硬盘的 PC-XT 微机。

（5）1982 年，80286 CPU，16 位字长，内部有 13.4 万个晶体管，线宽 1.5～2 µm，主频 6 MHz，24 位地址，16 MB 内存、1 GB 虚拟内存。工作方式为实模式和保护模式。同类产品有 M68000、Z8000。

IBM 公司采用 80286 微处理器研制出 PC-AT 微机，PC-AT 带有 20 MB 的硬盘。

（6）1985 年，80386（80386DX）CPU，32 位字长，集成了 27.5 万个晶体管，线宽 1～1.5 μm，主频 12.5 MHz，最后发展到 33 MHz、55 MHz，32 位寻址，寻址范围 4 GB，具有 64 GB 虚拟内存。

80386SX CPU，准 32 位 CPU，外部数据总线为 16 位，地址为 24 位。

1986 年 9 月，COMPAQ（康柏）公司率先推出桌面型 386 个人计算机 Deskpro。

（7）1989 年，80486 CPU，32 位字长，线宽 1 μm，集成了 120 万个晶体管，主频 25 MHz、33 MHz、50 MHz，采用 RISC 技术，数学协处理器（80387）和超高速缓存 8 KB RAM（82385）。一个时钟周期执行 1 条指令，比 80386 快 1 倍，性能指标高出 80386 3～4 倍。

同类产品有：Power 个人计算机 601，AMD 公司的 K5，Cyrix 公司的 5x86。台式微机的产品有 IBM 个人计算机 350、联想 LX-E4 等。

Dell 公司率先推出了 486 机型的 PC。

（8）1993 年，Pentium（80586）CPU，32 位字长，64 位总线，线宽 0.6 μm，静态 CMOS，310 万个晶体管，主频 66 MHz、100 MHz。首次采用超标量结构双路执行流水线，两个独立的 8 KB 代码和 8 KB 数据超高速缓存，1 个时钟周期能执行 2 条指令，具有能源管理功能。

（9）1997 年 5 月 7 日，Intel 发布 PentiumⅡ CPU，32 位字长，64 位总线，线宽 0.35 μm，集成 750 万个晶体管。PentiumⅡ 可看作是 Pentium-Pro 中追加了 MMX 功能。

同类产品有 AMD 公司的 K6-3 及 Duron（钻龙）。

为了争夺低端 CPU 市场，自 Pentium Ⅱ 起，Intel 推出 Celeron（赛扬）微处理器。与 Pentium Ⅱ 相比，Celeron 缺少 L2 Cache，降低了生产成本。Intel 公司采用高端产品与低端产品并进的策略，各种类型的 Celeron CPU 占据了低端 CPU 市场，从此牢牢占据了大部分个人计算机市场。

（10）1999 年 7 月，Pentium Ⅲ 发布，该款 CPU 为 32 位字长，64 位总线，线宽 0.18 μm，集成 950 万个晶体管，最初主频为 450 MHz 和 500 MHz。

同类产品有 AMD 公司的 K7，即 Thunderbird（雷鸟）。

（11）2000 年 7 月，Pentium 4 发布，该款 CPU 为 32 位字长，64 位总线，线宽 0.13 μm，集成有 950 万个晶体管，最初主频为 1.5 GHz 和 1.4 GHz。

（12）2001 年 5 月，Intel 公司推出首款采用 IA-64 架构的 Itanium（安腾）处理器，微处理器进入 64 位时代。安腾处理器为 0.18 μm 工艺制造，集成 2 500 万个晶体管。

2002 年 7 月，Intel 公司推出第 2 代 Itanium（安腾）处理器。该处理器集成了 22 100 万个晶体管，内核面积为 421 mm²。

2003 年 9 月，AMD 公司发布了 Athlon 64 系列处理器，宣布 AMD 正式进入 64 位时代。Athlon 64 FX-51 的主频为 2.2 GHz，支持快速数据传输（Hyper Transport）技术。

（13）2003 年 3 月，Intel 公司推出迅驰（Centrino）移动技术。迅驰技术由 Pentium-M 处理器、Intel 855 系列芯片组和 IEEE 802.11b 的 Intel Pro/Wireless LAN2100 无线网络模块 3 部分组成。采用迅驰移动技术的便携式计算机，可以不使用电话插口或专用卡，通过 Wi-Fi 认证的无线局域网和无线热点接入网络。

（14）2004 年 2 月 2 日，Intel 正式发布基于 Prescott 核心的 P4PE 处理器。Prescott 采用 0.09 μm 工艺，800 MHz 前端总线，配备 16 KB 一级缓存和 1 MB 二级缓存，支持 SSE-3 指令集，增加了 13 条 Prescott 新指令。

（15）2005 年，Intel 推出了首个 Pentium D（双核）处理器。

Intel 公司原计划 Prescott CPU 研制的主频是 5 GHz。研制时，当主频达到 4 GHz 时，出现了令人无法接受的高功耗问题。为此，Intel 停止了单核心 4 GHz CPU 方向的研发，向双核心、多核心处理器方向发展并向市场推出产品。

（16）2005 年，Intel 推出 Core 处理器。最先推出的 Core 处理器用于移动计算机。

（17）2006 年 7 月 27 日，推出 Core 2 处理器（酷睿 2 代）。酷睿 2 采用 65 nm 工艺，酷睿 2 采用 Core 微架构，这是一款领先节能的新型微架构。酷睿 2 是一个跨平台的构架体系，包括服务器版、桌面版、移动版三大领域。酷睿 2 的推出最终取代了"奔腾 4"处理器。

（18）2008 年 3 月，Intel 发布了新的低功耗处理器家族，命名为 Atom。Atom 处理器是英特尔历史上体积最小、功耗最小的处理器。Atom 基于新的微处理架构，专门为小型设备设计，旨在降低产品功耗，同时保持了同酷睿 2 双核指令集的兼容，支持多线程处理。Atom 处理器的中文名字为"凌动"，与之搭配的 Menlow 平台称为"迅驰凌动（Centrino Atom）"。

Intel 将 Atom 定位为廉价的入门级平台处理器，目前共有 Z500（800 MHz）、Z510（1.1 GHz）、Z520（1.33 GHz）、Z530（1.6 GHz）、Z540（1.86 GHz）5 个型号。

（19）2008 年 11 月，Intel 推出 Core i7 处理器，为增强 4 核 Intel® 酷睿™微架构 CPU。Core i7 采用 0.045μm 工艺制造；LGA 1366 接口，集成 DDR3 内存控制器，支持三通道技术，采用 QPI 总线（带宽达到 24 ~ 32 Gbit/s），超线程技术。

（20）2012 年 4 月，Intel 正式发布了 Ivy Bridge（IVB）处理器。Ivy Bridge 采用 22 nm 制造工艺，执行单元的数量达到 24 个，翻了一番。Ivy Bridge 加入了对 DX11 支持的集成显卡（核芯显卡），提供 4 个支持原生的 USB 3.0 接口，CPU 的制作采用 3D 晶体管技术，耗电量减少一半。

（21）2017 年 5 月，Intel 发布了酷睿 i9 处理器。i9 处理器属第十代酷睿处理器，最多包含 18 个内核，主要面向游戏玩家和高性能需求者。所谓高性能需求，指超越 PC 普通任务之外的 VR 内容创建等需要处理大量数据的任务。

（22）2021 年 1 月，Intel 正式发布了 11 代酷睿 H（35 W）处理器，最高型号 i7-11375H 为 4 核 8 线程，适用于超便携游戏本，睿频高达 5 GHz。i7-11375H 处理器支持 PCIe 4.0 技术，可直接连接到 CPU，能为独显提供更高的带宽。新一代处理器支持 Intel Killer Wi-Fi 6E（Gig+）技术，可体验无阻碍的 Wi-Fi 游戏。

小　结

本章介绍了几个 IT 历史上的经典故事，希望能给读者以启迪，同时介绍了摩尔定律、微处理器及 PC 的发展简史。

习　题

1. 你对计算机简史中的故事有何感想？
2. 美国大学生的创业与创新精神对你有什么启发？
3. 微处理器的发展与摩尔定律有什么联系？

第**2**章 | 计算机系统组成

一个完整的计算机系统由硬件系统和软件系统两大部分组成。一台没有安装软件（系统软件和应用软件）的计算机称为裸机，裸机无法运行。安装了操作系统软件和应用软件的计算机才能正常运行，才能完成各类运算任务。计算机系统的组成如图 1-2-1 所示。

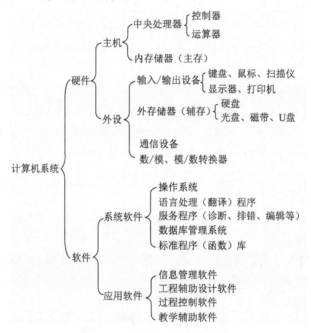

图 1-2-1 计算机系统的组成

2.1 计算机硬件系统

计算机的硬件系统由主机和外围设备两大部分构成，从外观上看，一套基本的计算机硬件由主机箱、显示器、键盘、鼠标组成，根据需要，还可以增加打印机、扫描仪、音视频等外围设备，如图 1-2-2 所示。

计算机硬件
系统概述

图 1-2-2　计算机硬件系统

1. 主机

按冯·诺依曼对经典冯氏计算机的定义：计算机的主机包括主板、CPU（含 CPU 风扇）和内存（ROM、RAM）。

为了方便用户操作，市场上的计算机（台式机）主机箱内部包括：主板、CPU、CPU 风扇与内存（ROM、RAM）、显卡（显示适配器）、声卡、内置式调制解调器（Modem）、外部存储器（硬盘驱动器、光盘驱动器）、电源等，如图 1-2-3 所示。其中 CPU、内存是计算机结构的主机部分，其他部件都属于外围设备。

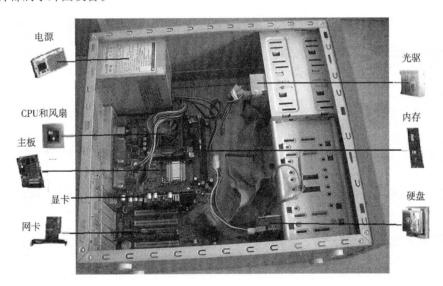

图 1-2-3　主机箱

2. 外围设备

计算机的外围设备有输入设备、输出设备以及辅助设备等。

（1）输入设备：键盘、鼠标、光盘驱动器、摄像头、扫描仪、数码照相机、数码摄像机等。

（2）输出设备：显示器、打印机、刻录机、音箱、绘图仪、投影仪等。

（3）辅助设备：UPS（不间断电源）。

2.2　计算机软件系统

计算机软件系统由系统软件和应用软件两大部分组成。

（1）计算机的系统软件（操作系统）主要有 DOS、Windows、UNIX、Linux，苹果公司的 MacOS 以及一些国产的操作系统，如银河麒麟和统信 UOS 等。

（2）计算机应用软件还可继续分为通用软件和专用软件两大部分。

① 通用软件：办公软件，如 Microsoft Office、WPS Office 等；工程设计软件，如 AutoCAD、MATLAB 等。

② 专用软件：适用于某专用目的的软件，如财务软件、建筑设计软件 PK、PM 等。

计算机的系统软件和应用软件一般都安装、存储在计算机的外部存储器——硬盘中。计算机的运行和运算所需要的数据也都存储于硬盘中，计算机运行时需要频繁地与硬盘进行数据交换。从一定意义上说，计算机的操作是相对于硬盘而言的，这也就解释了 DOS（Disk Operating System，磁盘操作系统）操作系统的命名来源。

2.3　选购计算机的原则

（1）必须清楚当前所购计算机的用途。量用而购、量力而购。

（2）够用原则。用没有最好只有更好来形容计算机十分恰当。计算机的发展日新月异，各种先进技术层出不穷。当前的计算机功能已十分强大，只要计算机不是用于高端的科学研究，不是发烧友，不是用于玩最新款的计算机游戏，就无须选择最强配置的计算机，最强的配置也意味着最高的价钱。

计算机硬件
参数指标

（3）不买最贵的产品，也不买最便宜的产品。最便宜的计算机只能由最便宜的配件组成，卖家不能做亏本生意。买了最便宜的产品，不能保证质量，不具备可靠的售后服务。

（4）购买成熟的产品（当前的主流产品）。当前主流的产品，价格上一般比较合理，性价比一般较高。

（5）注意计算机的几个部件。

显卡：根据自己的用途和经济条件，确定是否选择独立显卡。

主板：要求稳定性好、注重品牌和速度。

CPU：根据自己的经济条件和用途确定 CPU 的档次。

内存：确定品牌，防止假货。优选市场上的主流产品。

硬盘：注意缓存容量的大小。

键盘、鼠标：操作的手感要好。

机箱：在保证使用需求的基础上，根据个人对外形的喜好选择。

电源：确保电源的功率和质量，确保电源风扇噪声小。

小　　结

本章依据经典冯氏计算机的定义，介绍了计算机系统的组成。

习   题

1. 什么是裸机？裸机为什么无法运行？
2. 硬盘和光驱都安装在主机中，它们为什么不属于主机的一部分？
3. 仔细观察一台个人计算机，识别计算机的主机和外围设备。

第 **3** 章 | CPU

CPU（Central Processing Unit，中央处理器）是计算机的心脏，其性能决定所组建计算机的运算速度的高低，决定该机功能的强弱。本章通过 CPU 的结构、性能指标的介绍，CPU 封装和接口的介绍，让读者系统地掌握 CPU 的知识，为后续计算机的组装做准备。重点掌握 CPU 的核心系列知识，性能指标、封装和接口知识，CPU 的运行知识等。

3.1　CPU 的结构

1．CPU 的物理结构

CPU 由硅芯片（CPU 核心）、填充物、陶瓷电路基板、分立元件和针脚等构成。硅芯片、填充物、陶瓷电路基板等通过封装以构成 CPU。CPU 的接口则承担了 CPU 与主板的连接功能。CPU 正面和背面的形状如图 1-3-1 和图 1-3-2 所示。

图 1-3-1　CPU 正面

图 1-3-2　CPU 背面

2．CPU 内核

CPU 内核又称核心，由极纯的单晶硅构成。在内核硅片上以一定的生产工艺蚀刻了数以亿万计的晶体管，CPU 内核大小为 200～300 mm²（指甲般大小）。CPU 的内部结构由控制单元、逻辑运算单元、存储单元（包括内部总线和缓存器）三大部分组成。控制单元负责完成数据处理过程中的调配工作，逻辑单元负责完成指令的运算执行工作，存储单元负责原始数据和运算结果的存储工作。所以，CPU 内核中蚀刻的集成电路包括指令高速缓存（指令寄存器）、译码单元（译码器）、控制单元、寄存器、逻辑运算单元（ALU）、预取单元、总线单元（内部总线）、数据高速缓存等，它们分别承担了控制、计算、数据处理等任务。

3．CPU 的核心系列

为了便于 CPU 的设计、生产、销售和管理，制造商对 CPU 的核心以各种代号命名，这些代号就是所谓的 CPU 核心类型。不同的 CPU 具有不同的核心类型（如 Conroe 的 Merom 和 Woodcrest、K6-2 的 CXT、K6-2+的 ST-50 等），同一种核心也有不同版本的类型（如 Northwood 核心有 B0 和 C1 等版本）。

每一款核心类型对应相应的制造工艺（如 90 nm、65 nm、45 nm、32 nm、22 nm、14 nm 等），相应的核心面积（这是 CPU 成本的关键因素，因成本与核心面积成正比）、晶体管数、时钟频率，所采用的高速缓存级数、各级高速缓存的大小，相应的流水线架构和所支持的指令集（这两点是决定 CPU 实际性能和工作效率的关键因素），相应的核心电压、核心电流、功耗以及发热量的大小，相应的封装方式、接口类型（如 Slot 1、Socket 478、Socket T、Socket 940、Socket AM2/AM2+、Socket AM3/AM3+、Socket 1366、Socket 1155、Socket 1156、Socket 1150、Socket 1151、Socket 2011、Socket 2011-3、Socket FM2+等）、前端总线频率等。所以，CPU 的核心类型代表了相应 CPU 的性能和功能。

（1）Intel 微处理器。Intel 微处理器产品典型的核心系列有：

① Willamette 核心系列：早期 Pentium 4 和 Pentium 4 赛扬采用的核心系列。0.18 μm 制造工艺，主频范围为 1.3 GHz～2.0 GHz，一级高速缓存 256 KB，二级高速缓存 256 KB，核心电压 1.75 V，前端总线频率 400 MHz，初期产品采用 Socket 423 接口，后采用 Socket 478 接口。

② Northwood 核心系列：Pentium 4 和 Pentium 4 赛扬采用的核心系列。0.13 μm 制造工艺，1.5 V 核心电压，主频范围 2.0 GHz～3.4 GHz，一级高速缓存 8 KB，二级高速缓存 512 KB，前端总线频率 800 MHz，支持超线程技术（Hyper-Threading Technology），采用 Socket 478 接口。

③ Prescott 核心系列：2004 年 4 月发布，X86 系统结构，Pentium 4 ×××（如 P4530）和 Celeron D 核心系列。90 nm 制造工艺，核心电压 1.2～1.3 V，主频范围 2.8 GHz～3.8 GHz，前端总线频率有 533 MHz（不支持超线程技术）、800 MHz（支持超线程技术），最高为 1 066 MHz。一级高速缓存 16 KB，二级高速缓存 1 024 KB，更多的流水线结构，初期采用 Socket 478 接口，后采用 LGA 775 接口。

④ Smithfield 核心系列：2005 年 4 月发布，Intel 公司第一款双核处理器核心系列。90 nm 制造工艺，核心电压 1.3 V 左右，主频范围 2.66 GHz～3.2 GHz，前端总线频率 533 MHz～800 MHz，一级高速缓存 256 KB，两个核心分别有 1 MB 的二级高速缓存。采用 Socket 775 接口。

⑤ Yonah 核心系列：2006 年初发布，单/双核处理器核心类型。65 nm 制造工艺，核心电压依版本不同在 1.1～1.3 V 左右，主频范围为 2.66 GHz～3.2 GHz，前端总线频率 533 MHz。一级高速缓存 256 KB。采用改良的新版 Socket 478 接口。

⑥ Conroe 核心系列：2006 年 7 月发布。65 nm 制造工艺，核心电压 1.3 V 左右，主频范围 1.86 GHz～2.93 GHz，前端总线频率 Core 2 Duo 为 1 066 MHz，Core 2 Extreme 为 1 333 MHz；每个核心都有 32 KB 的一级数据缓存和 32 KB 的一级指令缓存，两个核心的一级数据缓存之间可以直接交换数据，Conroe 的两个内核共享 2～4 MB 的二级缓存。采用 Socket 775 接口。

Conroe 核心系列包括桌面、笔记本和服务器三方面的核心类型，代号分别是 Conroe、Merom 和 Woodcrest，均为 64 位微处理器、双核产品。

⑦ Nehalem 核心系列：2008 年底发布，45 nm High-k 技术制造工艺，增强 4 核酷睿微架构。放弃 FSB，改用 Quick Path Interconnect（QPI）总线；采用 Intel 超线程（Hyper-Threading）技术，动态超频（Turbo Boost）技术，动态功耗管理，集成内存控制器等；采用 LGA 1366 接口（用于高端四核 Bloomfield 处理器），LGA 1156 接口（用于中端四核 Lynnfield 和低端双核 Havendale 处理器）。

⑧ Sandy Bridge 核心系列：2011 年 1 月发布，官方称其为第二代 Intel Core 处理器家族。采用 32 nm 制程，高级矢量扩展指令集（Intel AVX），加快浮点运算密集型应用；采用新一代图形引擎，Turbo Boost 2.0 睿频技术，GPU 与 CPU 融合，动态调控 CPU 和 GPU 频率。

（2）AMD 微处理器。AMD 微处理器产品典型的核心系列有：

① Wincheste 核心系列：Athlon 64 CPU 核心。Socket 939 接口，0.09 μm 制造工艺，512 KB 二级缓存。200 MHz 外频，支持 1 GHz Hyper Transprot 总线，集成双通道内存控制器，使用新的工艺，发热量比 Athlon 小。

② Troy 核心系列：Opteron CPU 核心。Socket 940 接口，90 nm 制造工艺，拥有 128 KB 一级缓存和 1 MB 二级缓存。200 MHz 外频，采用 1 GB Hyper Transprot 总线技术，集成双通道内存控制器，支持 ECC 内存，还提供了对 SSE-3 的支持。

③ Orleans 核心系列：2006 年 5 月底发布，Athlon 64 CPU 核心。Socket AM2 接口，90 nm 制造工艺，512 KB 二级缓存，支持虚拟化技术 AMD VT，采用 1 GB Hyper Transprot 总线技术，支持双通道 DDR2 667 内存，核心电压 1.25 V 左右。

④ Palermo 核心系列：闪龙 CPU 核心。Socket 754 接口，90 nm 制造工艺，128 KB 或 256 KB 二级缓存，200 MHz 外频，1.4 V 左右电压。

⑤ Manila 核心系列：2006 年 5 月底发布，Sempron CPU 核心。Socket 754 接口，90 nm 制造工艺，一级高速缓存 128 KB，二级缓存 256 KB，不支持虚拟化技术 AMD VT，800 MHz 的 HyperTransport 总线，标准版核心电压 1.35 V 左右，超低功耗版（功耗 35 W）核心电压 1.25 V 左右。支持双通道 DDR2 667 内存。

⑥ Manchester 核心系列：2005 年 4 月发布，Socket 939 接口，90 nm 制造工艺，两个内核都独立拥有 512 KB 的二级缓存，采用 1 GB Hyper Transprot 总线技术，整合双通道内存控制器。

⑦ Toledo 核心系列：2005 年 4 月发布。Socket 939 接口，90 nm 制造工艺，两个内核都独立拥有 1 MB 的二级缓存，缓存数据同步通过 SRI（System Request Interface，系统请求接口）在 CPU 内部传输，采用 1 000 MHz 的 Hyper Transprot 总线技术，整合双通道内存控制器。

⑧ Windsor 核心系列：2006 年 5 月底发布，Athlon 64 X2 和 Athlon 64 FX CPU 核心。Socket AM2 接口，90 nm 制造工艺，Athlon 64 X2 每核心二级缓存为 512 KB 或 1 024 KB，Athlon 64 FX 每核心二级缓存为 1 024 KB，缓存数据同步通过 SRI 在 CPU 内部传输，1 000 MHz 的 Hyper Transport 总线，支持虚拟化技术 AMD VT，支持双通道 DDR2 内存。Athlon 64 FX TDP 功率高达 125 W；Athlon 64 X2 标准版 TDP 功率为 89 W（核心电压 1.35 V 左右），低功率版 TDP 功率为 65 W（核心电压 1.25 V 左右），超低功率版 TDP 功率为 35 W（核心电压 1.05 V 左右）。

⑨ zen 核心系列：2017 年发布，核心代号 Summit Ridge，第三代处理器，采用台积电 7 nm 制造工艺，功耗低，性能强劲。该核心将单颗拥有最多 32 个物理核心（双模 16 核互联）。支持最

新的发烧级技术：PCIe®4.0、NVMe、超高速 USB 10 Gbit/s、RAID 等。

3.2 CPU 的封装与接口

1. CPU 的封装

CPU 的封装起到固定内核、密封保护芯片、增强导热性能、安装和运输的作用。封装是沟通芯片内部与外部电路的桥梁——芯片上的接点通过导线连接到封装外壳的引脚上，引脚再与主板连接，从而实现数据的传输和通信、电源的引入。CPU 的封装主要采用翻转内核封装技术，内核被安放在有机物的基板上，与散热装置直接接触，以保证 CPU 具有良好的散热性。内核的另一面与外电路相连，内核中集成的晶体管分组连接，若干个晶体管为一组连在一根内部导线上，导线与 CPU 的外引脚相连进行数据通信（引脚与主板 CPU 插座的针孔保持良好接触）。CPU 的封装示意图如图 1-3-3 所示。

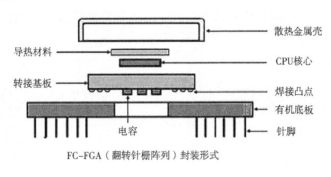

FC-FGA（翻转针栅阵列）封装形式

图 1-3-3　CPU 的封装

2. CPU 的接口

CPU 的接口由 CPU 的封装确定，CPU 的接口与主板的架构（CPU 插座）相匹配。CPU 有 Slot 卡式接口和 Socket 针脚式两种接口类型，Slot 式接口已淘汰，目前只采用 Socket 式接口。

（1）Socket 478：Pentium 4 系列、P4 赛扬系列处理器的接口类型，478 根针脚。Socket 478 的 Pentium 4 处理器面积很小，针脚排列极为紧密。已淘汰。

（2）Socket 775（LGA775）：又称为 Socket T，英特尔公司首次以 Socket 775 接口采用触点式，以 775 个触点取代了传统的针脚。通过与对应的 Socket 775 架构插槽内的 775 根触针接触来传输信号。触点式接口提高了处理器生产的良品率，降低了生产成本。已淘汰。

（3）Socket 1366（LGA 1366）：又称为 Socket B，Intel 公司 2008 年 11 月推出的接口标准，支持 QPI 总线架构，支持三通道 DDR3 内存。

（4）Socket 1151：Socket（LGA1151），1 151 个触点，第六代、第七代英特尔酷睿处理器的接口，支持 QPI 总线架构。

（5）Socket2011v3：Socket R（LGA 2011v3）。2 011 个触点，支持 QPI 总线架构，支持 DDR4 内存。取代 LGA1366 接口，成为 Intel 的旗舰产品。

（6）Socket AM2：AMD 公司 2006 年 5 月发布，AMD 64 位桌面 CPU 的接口标准，940 根针脚，支持双通道 DDR2 内存。

Socket AM2 与 Socket 940 的针脚数相同，但针脚定义和针脚排列不同，不互相兼容。AMD 将 Socket AM2 定义为统一的桌面平台 CPU 接口。

（7）Socket AM3：2009 年推出 942 根针脚 AM3，支持 DDR2/DDR3 内存。

（8）Socket AM4：2016 年 AMD 公司推出 1 331 根针脚的 AM4，支持 DDR4 内存。已取代 AM2 成为 AMD 公司新的统一架构。

3.3　CPU 的性能指标

CPU 的性能指标主要包括主频、外频、缓存、工作电压、接口等，如图 1-3-4 所示。

图 1-3-4　CPU 的性能指标

1. 主频

CPU 的时钟频率也称为内频，单位为 Hz。主频是 CPU 处理指令的最小时间单位，对同一类型的 CPU 来说，主频的高低决定了该 CPU 运算速度的快慢。CPU 的主频由外频和倍频系数共同决定：

CPU 主频 = 外部时钟频率（外频）×倍频系数

外频：由主板提供的 CPU 的外部时钟频率，即计算机系统总线的频率。CPU 的外频有 66 MHz、100 MHz、133 MHz、200 MHz 等多种。

倍频系数（简称倍频）：即 CPU 主频与系统总线频率之间相差的倍数。CPU 的主频很高，输入/输出设备等外围电路的工作频率很低（由于涉及人工操作，无法提升输入/输出设备的工作频率）。所以，倍频保证了外围电路与 CPU 相匹配。

2. 高速缓存

微处理器芯片内部集成了大小不等的数据高速缓存和指令高速缓存，通称为高速缓存。这是一种让数据存取的速度适应 CPU 处理速度需要的高级技术。

一级高速缓存（L1 Cache）：L1 Cache 内置 CPU 核心，内部由静态 RAM（Random Access Memory，随机存取存储器）组成，与 CPU 同速运行。

二级高速缓存（L2 Cache）：L2 Cache 也集成在 CPU 内部，级别低于 L1 Cache。Intel 在 Pentium Pro 中首次采用 L2 Cache，L2 Cache 采用与 CPU 相同的频率运行。主流 CPU 中的 L2 Cache 以全速运行，低端 CPU 中的 L2 Cache 以半速运行。L2 Cache 的容量直接影响 CPU 的性能。原则上，Cache

的容量大，不过，大容量的 Cache 为 CPU 的物理结构以及市场价格所不允许。当前台式机 L2 Cache 的容量一般为 2 MB；服务器和工作站 CPU 的 L2 Cache 在 2～8 MB 之间。

三级高速缓存（L3 Cache）：L3 Cache 分两种，早期 L3 Cache 为外置，现在 L3 Cache 也内置于芯片内部。L3 Cache 对 CPU 的运算效率和响应速度的提升很有帮助。它的实际作用是：L3 Cache 的应用可以进一步降低内存延迟，同时提升大数据量计算时处理器的性能，此项功能对游戏的帮助很大。在服务器领域，增大 L3 Cache 容量对系统性能的提升显著。

3. 指令与指令集

X86 指令集：CPU 依靠指令控制系统并进行计算。Intel 公司于 1978 年发布 166 条的 8086 指令集，指令集由两部分组成：一部分为标准 8086 指令，另一部分为 8087 浮点处理指令。

微指令（Micro Instruction）：从 Pentium Pro CPU 开始，Intel 公司将长度不定的 8086 指令译码成长度固定的 RISC 指令（精简指令系统），或称为微操作（μOP）指令。

4. 流水线

流水线：CPU 中的流水线技术类似于工厂中的装配流水线，它的采用极大地提高了系统的性能。流水线技术为一个 CPU 时钟周期完成一条指令的运行，CPU 中由 5～6 个不同功能的电路单元组成一条指令处理流水线。CPU 流水线指令执行的一般过程为：取指令—指令译码—取操作数—执行运算—写回结果，如表 1-3-1 所示。

表 1-3-1　CPU 流水线指令执行一般过程

时钟周期	取指令	指令译码	取操作数	执行运算	写回结果
1	指令 1	—	—	—	—
2	指令 2	指令 1	—	—	—
3	指令 3	指令 2	指令 1	—	—
4	指令 4	指令 3	指令 2	指令 1	—
5	指令 5	指令 4	指令 3	指令 2	指令 1

超标量流水线：超标量流水线技术为集成了多条流水线结构的 CPU，这样的 CPU 每个时钟周期能够执行一条以上的指令。80486 及其以下的 CPU 属于普通流水线结构的 CPU；Pentium 以上 CPU 采用了超标量流水线结构。

5. 制造工艺

CPU 制造工艺又称 CPU 制程。制造工艺的先进与否决定了 CPU 性能。CPU 的制造工艺包括硅提纯、切割晶圆、影印（Photolithography）、蚀刻（Etching）、掺杂、金属引线、多层连接、封装和测试。制造工艺越高，蚀刻使用的紫外光波长越短，单位面积内集成的晶体管数越多，CPU 主频越高。如 Pentium 的制造工艺是 0.35 μm，主频为 266 MHz；Prescott 核心采用 90 nm 的制造工艺，主频为 3.8 GHz。

6. 工作电压

CPU 在一定的工作电压下运行。CPU 的工作电压分内核电压和 I/O 电压，通常核心电压≤I/O 电压。内核电压由 CPU 的生产工艺决定，一般 CPU 制造工艺越先进，内核工作电压越低。采用低电压是解决耗电量大、发热量大的有效手段之一，CPU 工作电压的总趋势是越来越低。

7．Core（酷睿）处理器的性能

睿频：睿频是 Core（酷睿）处理器在启动一个运行程序后，智能化自动加速到合适的频率，运行速度将提升 10%~20%，从而保证程序流畅运行的一种技术。

第 11 代酷睿 H（35W）处理器的主频为 3.8 GHz，最高睿频可高达 5.1 GHz。

Core（酷睿）系列处理器每个时钟周期处理多条指令，其性能由以下公式确定：

$$性能=频率 \times 每个时钟周期的指令数（不考虑架构等因素）$$

3.4　CPU 的运行

1．指令的执行

CPU 的运行过程即微操作指令的执行（Execute，EXE）过程。程序员编制的程序代码经过编译形成计算机运行的执行指令。程序运行时，执行指令将进入队列待执行。正在 CPU 执行中的指令则称为进程（打开 Windows 任务管理器的进程选项卡，即能实时地看到 CPU 执行中的进程）。如图 1-3-5 所示。

图 1-3-5　Windows 任务管理器

Windows 10 任务管理器的进程如图 1-3-6 所示。

CPU 的工作全过程为：取指令→（指令）译码（即把取到的指令翻译为微操作指令）→分派或指令调度（为微操作指令分配计算所需的资源）→回退（保存运行结果），指令结束运行（提交）。

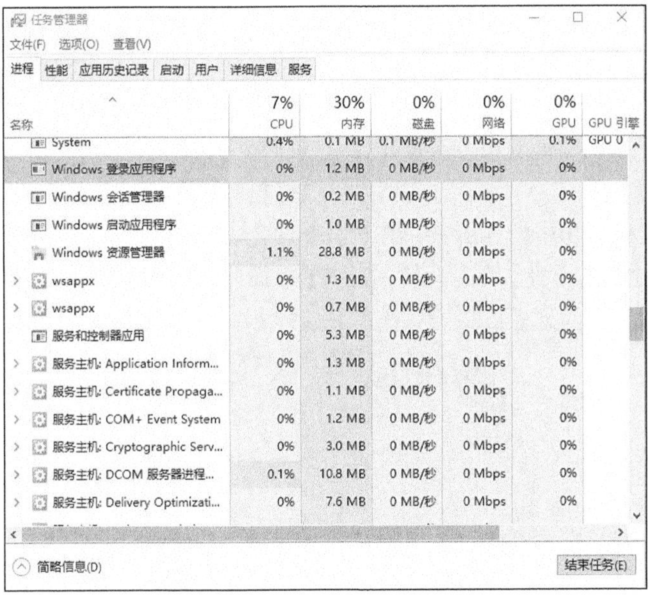

图 1-3-6　Windows10 任务管理器

2. 运行数据的调用

CPU 运行所需要指令数据的调用顺序（调用的微操作指令将保存于流水线中）如图 1-3-7 所示。

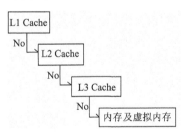

图 1-3-7　CPU 指令调用顺序

（1）首先访问 L1 Cache 获取指令，一般 L1 Cache 中读取的命中率约占总数据量的 80%。

（2）若访问 L1 Cache 得不到，转到 L2 Cache 中调用。L2 Cache 的命中率约占总数据量的 16%。L1 Cache 与 L2 Cache 合起来成功调用指令的命中率约占总数据量的 96%。

（3）若访问 L2 Cache 得不到，转到 L3 Cache 中调用（该机应具有 L3 Cache）。

（4）若访问 L3 Cache 得不到，转到内存中调用（成功率小于数据总量的 5%）。

（5）若访问内存也得不到（一般不可能），最后到虚拟内存中（硬盘上）调用。

上述 CPU 运行数据的调用通过流水线执行。指令执行遇到转移类指令时，将可能出现分支预测错误。若出现分支预测错误，整个流水线上所有的指令将全部被取消，流水线必须被清空。CPU 需要重新到缓存或内存中调用正确的指令数据将流水线充满，然后执行。

3.5　CPU 的制造

CPU 是怎么被制造出来的？芯片制造的原料是硅（沙子），将沙子变为芯片，需要经历

5 000 道工序才能实现。

3.5.1 硅

硅的化学符号是 Si，Si 通常以复杂的硅酸盐或二氧化硅（石英，化学式 SiO_2）的形式存在，是自然界中到处可见的（石英）沙子。自然界中没有单纯存在的硅元素，制造芯片所使用的单晶硅，需要将其从硅的化合物中提纯出来。制作芯片的单晶硅纯度需要达到小数点后 12 个 9，即需要达到 99.9999999999% 的纯度极限。显然，从沙子中提纯纯度要求如此之高的单晶硅非常人所能想象，难度之大也就可想而知了。提纯后的单晶硅为硅锭，如图 1-3-8 所示。

图 1-3-8　硅锭

3.5.2 晶圆

硅锭被切割成薄片——晶圆，晶圆的直径为 12 in（300 mm，有 6 in、8 in、18 in 等），切割厚度要求仅为 5 nm，这又是一项难度极高的技术活。如图 1-3-9 所示。

晶圆需要抛光和清洗，清洗在一个称为 "ORION 单晶圆清洗系统" 中完成。图 1-3-10 所示为一片完成了光刻的晶圆，其中的一个个小方块就是一块块芯片核心（Die）。

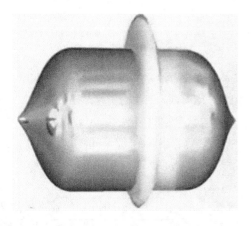

图 1-3-9　硅锭切割

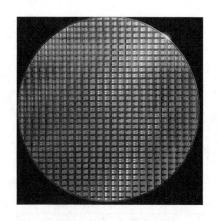

图 1-3-10　晶圆

3.5.3 光刻

在摩尔定律的引领下，光刻技术经历了接触/接近、等倍投影、缩小步进投影、步进扫描投影等一系列曝光方式的变革发展。曝光光源的波长由 436 nm（G 线）、365 nm（I 线）、248 nm（KrF）

到 193 nm（ArF），采用浸没式光刻技术和分辨率增强技术的 193 nm（ArF）曝光光源。工艺技术从 1.5 μm、1 μm、0.5 μm、90 nm、45 nm、22 nm、14 nm 到 7 nm。

　　晶圆清洗以后，将进行芯片制作过程中难度最大、要求最为严酷、制作时间最长的芯片加工工序——光刻。光刻技术是利用光化学反应的原理和化学、物理刻蚀的方法将掩模板上的图案传递到晶圆的工艺技术。光刻的原理来源于印刷技术中的照相制版（类似于印刷电路板的铜膜腐蚀制作）技术，利用光致抗蚀剂（光刻胶）感光后因光化学反应而形成耐蚀性的特点，将掩模板上的图形刻制到被加工晶圆上。光刻技术的原理，如图 1-3-11 所示。

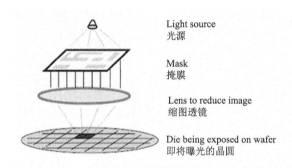

图 1-3-11　光刻技术的原理

蚀刻（Etching），即光刻，如图 1-3-12 所示。

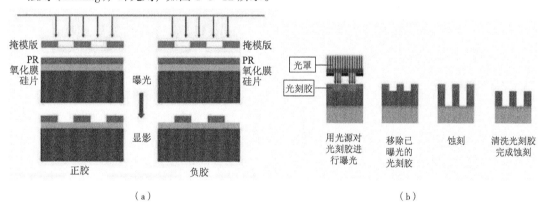

图 1-3-12　光刻示意

　　雕刻刀无法雕刻出比自身刀锋还细的线条。蚀刻中，光线是蚀刻晶体管的雕刻刀。同样，蚀刻光无法蚀刻出比自身波长还短小的晶体管。那么，193 nm 波长的蚀刻光，如何完成远小于自身波长的 14 nm、7 nm 的蚀刻？

　　光进入水将产生折射，折射后光的波长变短。2002 年，一次研讨会上台积电林本坚博士提出了浸入式 193 nm 方案。随后，ASML 与台积电合作，花了一年时间开发出样机。ASML 光刻机应用多组反射镜，让蚀刻的光多次经反射镜和水（1 mm 厚的水）反射，从而得到刻制所需的相应长度波长的光，满足蚀刻的要求完成光刻，如图 1-3-13 所示。

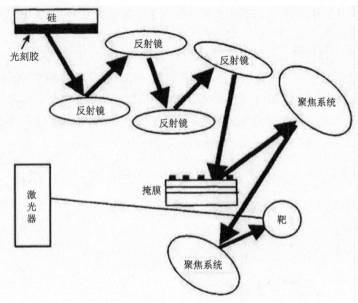

图 1-3-13 多组反射镜

光刻包括光复印和刻蚀两大方面：

（1）光复印工艺：经曝光系统将预制在掩模版上的器件或电路图按设计要求的位置，精确传递到预涂在晶片表面或介质层上的光致抗蚀剂（光刻胶）薄层上。

影印（Photolithography），经过热处理后的硅氧化物层上面被涂敷一种光阻（Photoresist）物质（光刻胶）；为了避免让不需要被曝光的区域受到光的干扰，采用遮罩来遮蔽这些区域。

光刻胶，根据其化学反应机理和显影原理分为负性胶和正性胶。光照后形成不可溶物质的为负性胶；对某些溶剂不可溶，经光照后变成可溶物质的为正性胶。

光刻胶是光刻过程最重要的耗材，其质量对光刻工艺影响重大。光刻胶是高技术壁垒材料，生产工艺复杂，纯度要求高，需要长期的技术积累。目前全球光刻胶市场基本被日本和美国企业垄断。

（2）刻蚀工艺：利用化学或物理方法，将抗蚀剂薄层未掩蔽的晶片表面或介质层除去，从而在晶片表面或介质层上获得与抗蚀剂薄层图形完全一致的图形。

光刻（刻蚀）在光刻机内完成。经过影印的晶圆被送入光刻机。在光刻机内，紫外线通过印制有复杂电路图的模板照射硅基片时，紫外线照射处的光阻物质被溶解；不需要被曝光的区域由于遮罩而被很好地保护了下来。完成蚀刻的晶圆，再使用特定的化学溶液清洗掉被曝光的光敏抗蚀膜，以及下面紧贴着抗蚀膜的一层硅。

早期，一片晶圆被送入光刻机内，到完成所有电路的光刻耗时长达 3 个月（因为每块核心芯片中需要完成光刻的晶体管数高达数亿）。

（3）掺杂（Doping）。前已述及，硅经提纯、切割、抛光后为晶圆。晶圆不属于半导体材料，需要掺入磷才能成为 n 型、掺入镓才能成为 p 型半导体材料。掺杂是以高能量离子轰击处于曝光态的硅，即能将微量的磷或镓掺杂到局部暴露的硅基片上，改变这些区域的导电状态以形成 N 井或 P 井，从而制成晶体管，完成芯片门电路的制作。

（4）重复、分层。集成电路各功能层一般设计为立体重叠电路，需要多次反复实行上述工序才能制成。大规模集成电路一般要经过约 10 次光刻才能完成各层图形的全部传递。

芯片加工成三维结构，是在完成了芯片门电路的制作后，再继续加工新的一层电路。制作方法是在已有的门电路基础上再次生长硅氧化物，沉积一层多晶硅，涂敷光阻物质，重复影印、蚀刻这一全过程，以得到含多晶硅和硅氧化物的沟槽结构。重复多次这些工序，最终完成设计要求的 3D 结构芯片核心（CPU），层与层之间需要填上金属导体的连接。

1997 年，IBM 公司开发出芯片铜互联技术建立起层与层之间的连接。使芯片的 3 维结构制作得以完善。如图 1-3-14 所示。

图 1-3-14　芯片铜互联技术

3.5.4　光刻机

光刻机（也称光刻系统）是光刻技术的核心装备，主要包括光刻光源、均匀照明系统、投影物镜系统、机械及控制系统（包括工件台、掩膜台、硅片传输系统等）。

ASML（阿斯麦），荷兰光刻机生产商。ASML 研发的 EUV 光刻机是第五代光刻机，采用极紫外光源，能够激发出 13.5 nm 的光子作为光刻机光源。一台 EUV 光刻机重达 180 t，由 10 万多个零件构成，包括激光器（光源）、3 个光束矫正器、能量控制器、光束形状设置、遮光器、能量探测器、掩膜版、掩膜台、物镜等精密仪器。外部采用封闭式框架以保持光刻时候内部整体处于真空状态，光刻机只能在真空下运行，晶圆通过一个气闸进出光刻机。机身底部配有减震器，以保持机器在工作状态下保持水平。工作时机器不允许有一丝一毫的震动，否则，若造成芯片 1 nm 误触也将前功尽弃。光刻机的工作温度应保持 23 ℃ 的恒温。整台机器加上外部零件，共需 40 个标准集装箱才能装运。完成一台整机的安装和调试，需时超过一年。

ASML 光刻机并非荷兰 ASML 公司一家的技术产物。EUV 光刻机 90% 的技术属于世界最顶尖科技技术的融合，45 000 个零件来自全球各地，核心部件的 17 大供应商美国占 9 家，台湾占 4 家，日本占 3 家，德国占一家。其中镜头来自德国蔡司、光源（激光器）来自美国……ASML EUV 光刻机集光学、机械、自动化、电子、材料等专业应用为一体，不愧为世界顶尖科技技术集成的皇冠明珠工作母机，如图 1-3-15 所示。

一台 ASML 光刻机进行批量生产时，耗能高达 1.5 MW。

图 1-3-15　光刻机

3.5.5　晶圆测试

晶圆测试（Water Probe），完成上述光刻的晶圆还只是一片片的晶圆，不是一块块的芯片（Die）。一片晶圆上有着数百个芯片核心，这些经刻蚀的芯片核心可能有效，也可能是无效的。需要把无效的芯片核心剔除出来，避免其进入下一道工序。

剔除的方式是测试，失效的芯片将被标注上黑点。芯片测试的第一步是测试晶圆的电气性能，检查 Die 是否有什么差错，差错出现在哪个步骤（可能的话）。早期 Die 的生产（光刻）废品率极高，有时废品率高达 100%。即刻出的一片晶圆，上千块芯片中没有一块合格的芯片。这体现了芯片研发、制造和生产的难度之高。

3.5.6　封装

合格的芯片核心进入下一道工序，其内部电路引线被焊接连接引出，CPU 类高档芯片采用的是 99.99%高纯度金为引线。一般芯片采用铜或铝为引线，铜或铝的成本低，但工艺难度增大，良品率较低。核心内部引线焊接连接，引线两端形成球形，如图 1-3-16 所示。

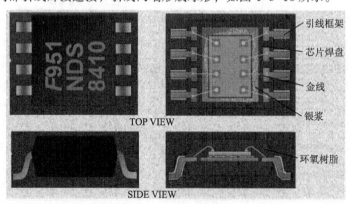

图 1-3-16　核心内部引线连接

完成引线焊接的芯片被封入一个陶瓷或塑料的封壳中，引线连接到封装引脚，完成芯片的封装。封装的作用是安装半导体集成电路芯片的外壳。它不仅起安放、固定、密封、保护芯片和增强导热性能的作用，还是沟通芯片内部世界与外部电路的桥梁。

晶圆光刻比较集中，全球只有少数几家厂商能够完成，如台积电、三星等。芯片的封装则分散在接近销售地的世界各地。

3.5.7　封装测试

封装测试（Assembly & Test），即 IC 封装测试。完成封装的每块芯片将进入产品的完全测试阶段。完全测试包括高温、低温和高压测试。测试中芯片将暴露在高温下几小时，使具有潜在缺陷的芯片由于高温产生裂纹而被剔除。检测结果，芯片将被标注满足特殊需求、满足较低需求和失效三类；然后进行频率测试：

（1）芯片在较高的频率下运行，通过者将被标上较高的频率（优品）。

（2）有些芯片因为种种原因运行频率较低，将被标上较低的频率（正品）。

（3）个别芯片可能存在某些功能上的缺陷，如果问题出在缓存上，可以屏蔽掉有问题的那部分缓存，再被标上 Celeron 等低端产品的标志。

完成上述测试的芯片在被放入包装盒前，还要进行最后一次测试，以确保前期的工作准确无误。完成测试后，不同等级的芯片将被放入不同产品的包装盒内。

3.6　CPU 的散热器

随着 CPU 主频的提高，其发热量也随之增高，若不及时将 CPU 所发的热量发散出去，轻者造成死机，重者烧毁 CPU。所以，为计算机、CPU 配备合适的散热器是必要的。

1．风冷散热器

（1）风冷散热器的构成。CPU 的风冷散热器由两部分组成：散热片和风扇，如图 1-3-17 所示。

（2）技术指标。

散热片与 CPU 核心的接触平面，要求越平整越好。

散热片与空气的接触面积要求越大越好。

风扇：一般来说，风扇功率越大，风力越强劲，散热效果越好。但是，过大的功率影响计算机的工作负荷，散热效果并不增强，可能出现事与愿违的情况。

风扇转速：风扇转速越快，原则上风力越强，散热效果越好。但是，风扇转速过快，将增加风扇自身产生的热量，影响对 CPU 的冷却效果；同时。高转速的风扇将产生噪声，还可能产生震动（震动将可能损坏 CPU），这两项必须避免。

风扇噪声：除上述高转速风扇将产生噪声外，风扇设计得不合理，制作得不精良，都会在风扇运行中产生噪音。一般来说，选择的散热器噪音指标应在 25 dB 以下，不能超过 30 dB。

排风量：散热器的排风量要求越大越好。

2．水冷散热器

水冷散热器主要由散热器、水管、水泵、足够的水源等组成，效果相当于风冷系统的 5 倍。水冷散热的原理，如图 1-3-18 所示。

图 1-3-17　CPU 散热器

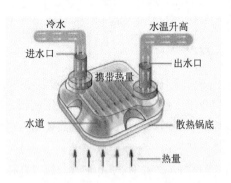

图 1-3-18　水冷散热器原理

水冷系统分为主动式水冷和被动式水冷两大类。主动式水冷除了具备水冷散热器全部配件外，还需要安装散热风扇辅助散热，该水冷方式适合发烧 DIY 超频玩家使用。被动式水冷不必安装散热风扇，由水冷散热器本身散热，或增加散热片以辅助散热，该水冷方式完全静音，适合主流 DIY 超频用户采用。

3．一体化水冷

一体式水冷散热器安装简便，箱内占用面积不大，使用扣具安装简单。正常工作三年以上，不会发生泄漏、瘫痪等故障，也无须注入冷却液。

3.7　CPU 的选购

CPU 确定了计算机的档次和性能。所以，选购计算机需要首先选定 CPU。选购 CPU 一般来说先确定产品类型，即选购 Intel 公司的 CPU 产品，还是 AMD 公司的 CPU 产品。其次，根据应用的需要，确定选购计算机的档次。建议选购 CPU 及计算机，不要预先建立在将来再升级的基础上，因为计算机升级的性价比一般比较低。

1．Intel 公司产品

Intel 公司的 CPU 产品从 4004、8086、80286、80386、80486、Pentium、Pentium II、Pentium III、Pentium 4 到 Prescott、Conroe 等，始终引导着 CPU 的世界潮流。

（1）产品系列。

当前，Intel 的主流微处理器产品是：Intel Core（酷睿）核心系列、Core Celeron（酷睿赛扬）系列等。为便于用户理解和选择，Intel 整顿、简化了品牌体系。具体来说：

Intel 台式机 CPU 全系列产品的档次依次为 Atom< Celeron < Core。高端 Core 产品中，档次的区分依次为 Core i3 < Core i5 < Core i7。即 Intel 以 Core（酷睿）为主打品牌，Core i7、Core i5、Core i3 三个系列分别面向高、中、低端市场。i7 代表 Intel 的高端产品，i5 代表中端产品，i3 代表低端产品。

Atom 和经典的 Celeron（赛扬）产品继续存在，Intel 同时还有面向上网本、智能手机的 Atom（凌动）系列产品。

（2）产品标识。

掌握识别 CPU 标识的知识，对了解 CPU 的产品及性能、选购很有帮助。Intel 酷睿产品标识如图 1-3-19 所示。

第 1 行 "INTEL® CORE™ i7"，表示生产商 INTEL，酷睿商标，i7 处理器。

第 2 行 "i7-10700K"，表示产品为酷睿 i7，性能参数为 10700K。

第 3 行 "SRH72 3.80GHZ"，SRH72 为 S-Spec 编号，"3.80GHZ" 表示处理器的主频为 3.80GHz。

第 4 行 "X030F787"，X 表示封装产地越南（L/Q：马来西亚，X：越南，3/7：哥斯达黎加，5：中国-成都）；0 代表 2020 年，30 代表第 30 周生产，F 表示步进，787 表示批号。

2. AMD 公司产品

AMD 公司形成以 Wincheste、Manila、Manchester、Toledo、Windsor、Ryzen 等为核心的系列产品。

（1）产品系列。

AMD 公司主流微处理器产品有 AMD 锐龙、皓龙、AMD 羿龙 II、AMD 速龙 64 X2、AMD 速龙 II 等。AMD 台式机 CPU 产品档次依次为锐龙 "<" 速龙 "<" 闪龙。

锐龙 APU 处理器，高端产品系列有 R7、R5、R3。产品档次依次为 R7 "<" R5 "<" R3。类似英特尔公司的产品档次分类。

（2）产品标识。

AMD 公司的 Athlon™ 64 X2（速龙 64 X2）的产品标识如图 1-3-20 所示。

图 1-3-19　Intel CPU　　　　　　图 1-3-20　AMD 产品标识

第 1 行 "AMD Athlon™ 64 X2"，生产厂商是 AMD 公司，产品型号为 Athlon™ 64 X2。

第 2 行 "ADX6000IAA6CZ"，AMD CPU 的 OPN 序号。"ADX" 表示处理器的功率（ADO 代表 65W，ADD 代表 89 W，ADX 代表 125 W），"6000" 代表该处理器的 PR 值和型号；"I" 表示采用 Socket AM2 接口，"AA" 表示具备智能温控技术，"6" 表示处理器二级缓存大小为 1 MB×2，"CZ" 代表采用 90 nm 制程的 Windsor 核心。

第 3 行 "CCB8F 0719SPMW"，核心的周期定义。

第 4 行 "Z253461L60006"，核心的流水号定义，即该 CPU 的生产序列号。

底行表示该产品的产地为德国，封装地为马来西亚。

3. CPU 选购要领

（1）看塑封包装。正品 Intel 产品原包装塑封薄膜上印有 "Intel Corporation" 的水印。

（2）看包装盒。包装盒右上角有 Intel 免费查询电话"盒装正品全国联保免费查询电话 8008201100"，有此标签表示该芯片享受全国联保 3 年（厂方对此没有做出严格的限制，标签是经销商贴的，所以有些 3 年联保的正品没有贴这样的标签）。

（3）看条形码。

（4）看内部塑料盒封装。正品原包装 CPU 是压上的，用料讲究；假包装 CPU 是用一种胶粘上的，很难打开。

（5）看说明书和贴纸。正品原包装 CPU 的说明书印刷清晰，贴纸有浮雕效果；假包装 CPU 说明书做工粗糙，贴纸色彩饱和度不够，几乎没有浮雕效果。

（6）看产品编号。核对 CPU 和风扇编号与标签上的编号是否一致，还可以打免费电话按要求输入 CPU 的编号，能直接查到所买的产品是否为正品。

（7）分辨新旧版本。了解市场上主流 CPU 的核心系列代码，与准备购买的处理器核心系列代码进行比较，是否一致，是否是你打算购买的核心系列。

小　　结

本章分别从结构、封装与接口、性能指标和工作过程几个方面详细介绍了 CPU。详细叙述了芯片（CPU）制造的全过程。为帮助读者认识和选购 CPU，叙述了 CPU 的内核及内核系列的知识。最后从实用的角度，归纳性地介绍了如何选购 CPU。重点应掌握 CPU 的核心系列知识。

要点 1：CPU 主频 = 外部时钟频率（外频）×倍频系数。

要点 2：Core 微处理器的性能 = 频率 × 每个时钟周期的指令数（不考虑架构等因素）。

习　　题

一、选择题

1. CPU 内核面积的大小一般为_____。

    A. 200 mm²   B. 200 mm² ~ 300 mm²   C. 300 mm²   D. 200 mm² ~ 400 mm²

2. Nehalem 核心处理器采用的制造工艺是_____(1)_____，核心电压是_____(2)_____。

    （1）A. 45 nm   B. 65 nm   C. 22 nm   D. 32 nm

    （2）A. 1.1~1.3 V B. 1.1 V   C. 1.3 V   D. 1.2 V

3. 晶圆的切割要求的厚度是_____。

    A. 5 μm   B. 5 nm   C. 7 μm   D. 7 nm

二、填空题

1. 每一款核心类型对应相应的_____、_____、晶体管数、时钟频率，_____的大小，相应的流水线架构和指令集，相应的核心电压、核心电流、功率以及发热量的大小，相应的封装方式、接口类型、前端总线频率等。

2. Core（酷睿）系列处理器的接口标准有_____、_____、_____。

3. 高速缓存是一种让数据存取的速度适应 CPU 处理速度需要的_____。

4. CPU 中由 5~6 个不同功能的_____组成一条指令处理_____，一条_____分成 5~6 步再由这些电路单元分别执行，以此实现在一个_____完成一条指令的执行。

5. Core 系列微处理器的性能由以下公式确定：_____=_____×_____。

6. 光刻包括_____和_____两大方面。芯片制造工序包括_____、_____、_____、_____、_____五大步骤。

三、简答题

1. 什么是 CPU 的封装，封装的作用是什么？

2. 什么是 CPU 的主频？主频、倍频、外频三者之间的关系，请简述。

3. 了解 CPU 的核心类型有什么意义，能帮助认识和选购 CPU 吗？

4. CPU 运行时如何调用所需要的指令数据？

5. 为什么 FSB 对系统运行的速度有很大影响？FSB 总线、QPI 总线、DMI 总线相互之间具有什么样的关系？

6. 如何利用长波长的光，完成刻制远小于自身波长的芯片制造工艺？

7. 为什么说 ASML 光刻机是世界最顶尖科技技术的融合？

8. 风扇的转速、风扇的噪声、排风量三项指标谁最重要，为什么？

第**4**章 ｜ 内　　存

　　内存储器即主存储器，简称内存或主存。内存是 CPU 可直接访问、能够快速存取程序和数据的物理载体。如前所述，计算机在开始运行时操作系统即进入内存，控制并管理内存。将需要执行的应用程序和数据装入内存；在计算机运行中，根据需要，随时调整内存中的应用程序和数据。所以，内存类似于一个车间或一个工作场所，根据操作系统的需要，承载应用程序和数据。内存的基本工作步骤为：从系统预读数据（程序和数据）→ 保存到内存单元队列 → 传输到内存 I/O 缓存 → 进入 CPU 处理 → 运行的中间结果和最终结果传输到内存 → 接收到存储（或输出）指令后 → 传输运算结果存入外存储器，或向输出设备输出运行结果。

　　内存由大规模集成电路制造工艺制造。内存容量的大小和速度在很大程度上决定了计算机的运算能力和运行效率。

4.1　内存的分类

　　内存按工作原理划分可分为只读存储器（Read Only Memory，ROM）和随机存储器（Random Access Memory，RAM）两种。

1. ROM

　　ROM 用于重要信息的存储。厂家采用蚀刻的方法将永久性的信息写入 ROM 中，在计算机关机断电后，保存在 ROM 中的数据信息也不会丢失。ROM 有以下 4 种类型：

　　（1）普通 ROM 或掩模 ROM：普通 ROM 用于永久性存储重要的数据信息。

　　（2）PROM（Programmable ROM，可编程只读存储器）：允许一次性写入数据，写入后，数据被永久性地蚀刻其中。

　　（3）EPROM（Erasable Programmable ROM，可擦除可编程只读存储器）：可使用紫外线光照方式擦除掉已存储的数据信息，重新写入新的数据信息。

　　（4）EEPROM（Electrically Erasable Programmable ROM，电可擦除可编程只读存储器）：可采用电擦除的方法多次擦除、重写其中的数据信息。

2. RAM

　　RAM 是计算机广泛使用的临时存储器。计算机运行的程序、数据信息等全都存储于 RAM 中。关机断电后，RAM 中的信息即全部丢失。当前广泛使用的 RAM 主要有以下两类：

（1）SRAM（Static RAM，静态随机存储器），特点是运行速度非常快，价格昂贵，体积比较大。CPU 的一级缓存（L1 Cache）、二级缓存（L2 Cache）一般采用 SRAM。

（2）DRAM（Dynamic RAM，动态随机存储器），比 SRAM 慢，比 SRAM 便宜，容量上可以做得很大。DRAM 主要用于构成计算机系统内存储器的 RAM。DRAM 芯片焊在条状的电路板上，即通常所称的内存。

4.2　内存的接口标准

内存由内存芯片、系列参数预置检测（SPD）芯片、少量电阻元件等辅助元件共同焊接在条状的印刷电路板（PCB）上构成。

1. 内存芯片

内存芯片俗称内存颗粒，它的性能决定内存的性能。常用的内存芯片主要有以下几种类型：

① FPM（Fast-Page Mode），快速页面模式 DRAM。早已淘汰。

② EDO（Extended Data Out，扩展数据输出）内存主要用于 72 线的 SIMM 内存，PCI 显卡采用 EDO 芯片。已淘汰。

③ SDRAM（Synchronous DYnamic RAM，同步动态随机存储器）内存基于双存储体结构，内含两个交错的存储阵列以提高读取数据的效率。SDRAM 内存与相应的 CPU 外频同步（外频 66 MHz、100 MHz、133 MHz，对应地 SDRAM 有 PC66、PC100、PC133 三种标准），在同步脉冲控制下取消了等待时间，减少了数据传输的延迟时间，加快了系统的速度。台式机使用的 SDRAM 一般为 168 线的管脚接口，64 位带宽，工作电压为 3.3 V。它支持 PC133 标准的 SDRAM 内存，其带宽能提供 1 064 Mbit/s 的传输速率。

④ RDRAM（Rambus DRAM，总线式动态随机存储器）在技术上引入了 RISC（精简指令集），依靠高时钟频率简化了每个时钟周期的数据量。数据通道接口 16 b，在 300 MHz 下数据传输量可以达到 300×16×2/8=1 200 MB/s，400 MHz 时可达到 1 600 MB/s，当前主流的双通道 PC 800 MHz RDRAM 的数据传输量已达到 3 200MB/s。RDRAM 的价格偏高，支持的主板少，应用不广。

⑤ DDR SDRAM (Double Data Rate SDRAM，双倍数据速率同步动态随机存储器，简称 DDR) 的工作原理是在时钟触发沿的上、下沿都能进行数据传输，在相同的总线频率下具有更高的数据带宽，不需要提高时钟频率就能得到双倍的传输速度。

⑥ DDR2（Double Data Rate 2，四倍数据速率同步动态随机存储器）由 JEDEC（电子设备工程联合委员会）开发的内存技术标准，DDR2 内存每个时钟能以 4 倍的外部总线速度读/写数据，能以内部控制总线 4 倍的速度运行。

⑦ DDR3 采用四倍数据率同步动态随机存取存储器；运行电压 1.5 V，延续 DDR2 的 ODT、OCD、Posted CAS、AL 控制方式，新增 CWD、Reset、ZQ、SRT、RASR 等功能。

⑧ DDR4 采用八倍数据率同步动态随机存取存储器，传输率更高；运行电压是 1.2 V，更为节能，内存频率达 4 266 MHz，内存容量大大提升，可高达 128 GB。

市场上主流内存芯片（DRAM）上游生产厂商仅 3 家，分别是三星、SK Hynix 和美光。

（1）4 GB、8 GB 内存颗粒。

三星（SAMSUNG）：桌面 PC DDR4 内存颗粒产品包含 K4A4G045WD、K4A4G085WD、K4A8G045WB、K4A8G085WB 四款。其中 K4A4G045WD、K4A4G085WD 两款单颗容量为 4 Gb，K4A8G045WB、K4A8G085WB 两款单颗容量为 8 Gb，如图 1-4-1 所示。

图 1-4-1   三星 DDR4 内存颗粒

美光内存颗粒产品为：MT40A1G8PM-083E、MT40A2G4PM-083E、MT40A512M16HA-083E。

SK Hynix 内存颗粒为：H5AN8G6NAFR（8 Gb）、H5AN8G8NAFR（8 Gb）、H5AN4G8NAFR（4 Gb）和 H5AN4G6NAFR（4 Gb）四款产品。

（2）16 GB 内存颗粒。

美光内存颗粒产品为：LPDDR4X IC。

三星内存颗粒产品为：T2 等。

（3）内存芯片编号解读。

三星内存芯片编号 K4B2G0846D-HCH9。其中 K 代表内存芯片，4 代表 DRAM，B 代表 DDR3 内存，2G 代表容量为 2 GB（1G 代表容量为 1 GB），08 代表位宽，4 代表逻辑 Bank 数量，6 代表工作电压为 1.5 V，D 代表产品版本号，制程为 30 nm，H 代表封装类型为 FBGA-HF，C 代表普通能耗（若为 L 则为低能耗），H9 代表运行速度为（1333）CL9，如图 1-4-2 所示。

图 1-4-2   内存芯片

2．内存接口

内存采用的接口类型有 SIMM、DIMM、RIMM、DDR DIMM 等 6 种。

（1）SIMM。

单边接触内存模块（Single In-line Memory Module，SIMM），SIMM 接口的内存用于早期的 PC，其 PCB 的金手指有双面 30 线和双面 72 线两种，已淘汰。

（2）DIMM。

双边接触内存模块（Dual In-line Memory Module，DIMM），DIMM 接口的内存其 PCB 金手指有双面 168 线和双面 184 线两种，已淘汰。

（3）RIMM。

总线接触内存模块（Rambus In-line Memory Module，RIMM），RIMM 支持 RDRAM 内存，有 184 线的产品，已淘汰。

（4）DDR DIMM。

DDR DIMM 接口的内存，240 pin（240 线）DIMM 结构，金手指每面 120 Pin，一个卡口。

（5）DDR2 DIMM。

DDR2 DIMM 接口的内存，240 Pin（240 线）DIMM 结构，金手指每面 120 Pin，一个卡口。

（6）DDR3 DIMM。

DDR3 DIMM 接口的内存，240 Pin（240 线）DIMM 结构，金手指每面 120 Pin，一个卡口。

DDR DIMM、DDR2 DIMM、DDR3 DIMM 接口之间的差别：DDR 的 DIMM 接口采用防呆设计。240 Pin DIMM 结构的金手指每面 120 Pin，一个卡口，但是各自卡口位置不同。所以，DDR 内存插不进 DDR2 插座，DDR2 插不进 DDR 插座，也插不进 DDR3 插座。

（7）DDR4 DIMM。

DDR4 内存采用 284 线 DIMM 接口，金手指每面 142 Pin，一个卡口。DDR4 的 DIMM 接口与 DDR3 不兼容。

3．金手指

"金手指"（Connecting Finger）是内存与内存插槽之间的连接部件，所有的数据信息均通过金手指进行传送。金手指由众多金黄色的导电触片组成，为保证内存与内存插座之间的接触良好，所以金手指导电触片的表面镀金。由于导电触片排列如手指状，所以称为"金手指"，如图 1-4-3 所示。

图 1-4-3 "金手指"

4．内存

（1）DDR3。

DDR3 核心工作电压从 DDR2 的 1.8 V 降至 1.5 V，更省电；除延续 DDR2 SDRAM 的 ODT、OCD、Posted CAS、AL 控制方式外，新增 CWD、Reset、ZQ、SRT、RASR 等功能。使用 SSTL 15 的 I/O 接口，采用 CSP、FBGA 封装方式。接口类型：240 针（Pin），一个定位缺口，如图 1-4-4 所示。

图 1-4-4　DDR3 内存

（2）DDR4。

DDR4 采用了更可靠的传输规范，数据传输的可靠性大大提升。

DDR4 与 DDR3 比较：采用 16 bit 预取机制（DDR3 为 8 bit），相同内核频率下理论速度是 DDR3 的两倍；金手指触点 284 个（284 线），每一个触点的间距为 0.85 mm，金手指被设计成中间稍突出、边缘收矮的形状，中央的高点和两端的低点以平滑曲线过渡，具有弯曲效果。上述改进致使内存与内存插座的结合更为良好，如图 1-4-5 所示。

图 1-4-5　DDR4 内存

4.3　内存的技术指标

内存的主要技术指标包括以下几个方面：

1．存取周期

存储器从接收命令开始，到被读出信息稳定在存储寄存器（Memory Data Register, MDR）输出端为止的时间间隔为取数时间。两次独立的存取操作所需要的最短时间称为存储周期，单位为纳秒（ns）。存储周期越短，速度越快，内存的性能越好。

2．容量

内存容量。一般指物理内存，即物理内存数据存储量的大小，该值的大小直接关系到计算机系统的整体性能。计算机的物理内存以内存的产品方式提供。当前市场上主流内存为 DDR4，单条产品容量有 4 GB、8 GB、16 GB、32 GB 等。

3．CL 延迟

CL（CAS Latency）指内存存取数据所需的延迟时间，即内存接到 CPU 指令后的反应速度。一般参数值是 2 和 3。数字越小，代表反应所需的时间越短。

4．列地址选通脉冲

列地址选通脉冲（Column Address Strobe，CAS）内存寻址中，锁定数据地址需要提供行地址和列地址的信息，行地址由 RAS 控制，列地址由 CAS 确定。

5．错误检查和纠正

ECC（Error Checking and Correcting，错误检查和纠正）是微机向内存读/写数据时的错误检查和纠正功能。

6．奇偶校验

奇偶校验是数据传送时校正数据错误的一种方式。计算机存储的最小单元是 B，只有"1"或"0"两种状态。计算机存储的最小单位是字节，1 个字节为 8 个位。如某字节数据存储时，8 个位的数值分别为 1、1、1、0、0、1、0、1，将 8 个位上的数值相加，得 1+1+1+0+0+1+0+1=5，是奇数。该数值被读取时，CPU 再次计算检测数据中"1"的个数，若是奇数，表示传送正确；否则，数据传输有误。

奇偶校验分奇校验和偶校验两种。如果是采用奇校验，在传送每一个字节时附加一位作为校验位，当实际数据中"1"的个数为偶数时，该校验位为"1"，否则为"0"，这样可以保证传送数据满足奇校验的要求。偶校验与奇校验的过程相似，只是检测数据中"1"的个数是否为奇数。内存上是否具有奇偶校验功能很容易识别：外观上，每根条上有 9 颗或 3 颗芯片则是具有奇偶校验功能的内存，而只有 8 颗或 2 颗芯片者就不具备该项功能。具有奇偶校验功能的内存一般用于服务器上，当前，普通微机一般配备没有奇偶校验功能的内存（节省成本）。

7．SPD

SPD（Serial Presence Detect，串行存在检查）是一个 8 针 256 字节的电可擦写、可编程只读存储器芯片，其位置一般在内存正面的右侧，芯片表面记录着内存的速度、容量、电压和行、列地址带宽等参数信息。开机时 BIOS 会自动读取 SPD 中的信息，如果没有 SPD，或 SPD 有错，就会产生死机，并给出致命错误的故障提示。

8．内存带宽

内存带宽是指内存的数据传输速率。内存带宽总量指理想状态下一组内存在一秒内所能传输的最大数据量。如 PC2100 DDR 内存，最大时钟频率为 133 MHz，内存数据带宽为 64 bit/s，每时钟数据段数为 2，则（133×64×2）/8 = 2 128MB/s。

9．点对点连接

点对点连接（Point-to-Point，P2P）是指一个内存控制器只与一个内存通道打交道，并且这个内存通道只有一个插槽。因此，内存控制器与内存模组之间是点对点（P2P）的关系（单物理Bank 模组），或是点对双点（Point-to-two-Point，P22P）的关系（双物理 Bank 模组），从而大大减轻地址/命令/控制与数据总线的负载。

4.4　内存的选购

内存是 CPU 直接访问、能够快速存取程序和数据的物理载体，是微机的"工作场所"。几乎

50%的微机硬件故障都与内存有关。所以，必须重视内存的选购。

1．选购原则

（1）根据操作系统和应用软件的需要确定物理内存的大小。

（2）根据主板配备内存。如果主板能够支持两种规格的内存，应选择新型的产品，不仅可求得速度快，也便于今后内存容量的升级。例如，若有主板同时支持 DDR3 和 DDR4 的内存产品，则应选择 DDR4 内存，除非经济原因或其他原因不允许。

2．选购要领

（1）性能指标。

① 系统时钟循环周期（tCK）：内存能运行的最大频率，该数值越小越好。

② 存取时间：表示读取数据所需延迟的时间，存取时间越短，性能越优。大多数内存的存取时间为 6～8 ns。

③ 纵向地址脉冲反应时间（CAS 延迟时间）：一定频率下衡量支持不同规范的内存的重要标志之一。一般内存能够运行在 CAS 反应时间（CL）2 或 3 模式，也就是说它们读取数据延迟的时间既可以是 2 个时钟周期，也可以是 3 个时钟周期。

注意：以上 3 个性能指标互相制约。较快存取时间的内存，CAS 反应时间要长一些。

（2）选购方法。

① 看品牌。一定要选正宗名牌厂商的品牌。名牌厂商的产品都经过严格的检测，给最大时钟频率留有一定的宽裕空间。名牌、好的内存表面有比较强的金属光泽，色泽均匀、部件焊接整齐划一、没有错位。

② 看内存颗粒。优质的内存颗粒对应的一定是内存产品。

③ 看 PCB（印刷电路板）。有了优质的内存颗粒，必须要配备优质的 PCB，应当选择由更多层数、更厚实的 PCB 电路板制成的内存。

④ 看金手指。金手指通常采用化学沉金工艺制成，金层厚度一般在 3～5 μm，优质内存金手指的金层厚度达到 6～10 μm。较厚的金层不易磨损，触点的抗氧化能力强，使用寿命长。

⑤ 售后服务。名牌厂商的产品，售后服务更有保证。

小　　结

内存分为只读存储器（ROM）和随机存储器（RAM）两大类。内存的接口关系到计算机系统的匹配问题，内存的技术指标有数据的存取周期、内存的容量、内存带宽等。数据的奇偶校验属于计算机的基本理论知识，金手指则是直接与应用有关的一项知识。

习　　题

一、选择题

1. 计算机的内存包括随机存储器和_____，内存主要采用_____。

    A. RAM   B. ROM   C. DRAM   D. SRAM   E. DDR DRAM

2. 关机断电后，RAM 中的信息（　　）。

    A. 立即消失   B. 依然存在   C. 改变   D. 以上均正确

二、填空题

1. 内存_____的大小和速度在很大程度上决定计算机的_____。

2. 关机断电后，RAM 中的信息即_____。

3. 存储周期_____，速度_____，内存的性能越好。

4. 存储器从接收_____开始，到被读出信息稳定在存储寄存器输出端为止的时间间隔为_____。两次独立的存取操作所需要的最短时间称为_____。

三、简答题

1. DDR4、DDR3 为同类 DDR DIMM 接口的内存，为什么相互不能插入内存插座？

2. 什么是奇偶校验？

3. 金手指的表面为什么需要渡金？

第**5**章 | 主 板

主板（Mainboard）又称母板（Motherboard），计算机依靠主板把 CPU、内存以及外围设备有机地组合成计算机系统。主板为 CPU、内存和各种适配卡、I/O 设备提供安装接口（插座）和通信接口。计算机运行时，CPU 通过主板上的总线对内存、外存以及其他外围设备实施控制，完成数据的交互。主板的性能、质量和档次取决于芯片组，主板与外设的交互与匹配则取决于外部总线和接口。

5.1 主板的分类

主板可以按架构、结构标准和功能集成 3 种方式分类。

1．架构

按 CPU 插座的架构分类，主板可分为 Slot 架构和 Socket 架构两大类。

（1）Slot 架构已淘汰。

（2）Socket 架构的主板目前主要有 Socket 478、Socket 1366（Socket B）、Socket 1155、Socket 1156、Socket 940、Socket AM2、Socket AM3、Socket AM4 等。

2．结构标准

按结构标准，当前主板可分为 ETX、ATX、MATX、ITX 等。

（1）ATX 型：ATX 规范是 Intel 公司 1995 年公布的 PC 主板结构规范（标准板），规范中包含内置音频和视频功能。ATX 支持 USB 接口，所有的插槽都支持全长度板。

（2）ETX（Extended ATX）型：主要用于 Rackmount 服务器系统。EATX 主板上半部分固定螺丝位和 ATX 相同，多用于高性能工作站或服务器。

（3）MATX 型：MATX 即 Micro ATX（微型 ATX）主板。MATX 一般大小比标准的 ATX 主板小许多，适宜小机箱。

（4）ITX（Mini - ITX）主板：一种结构紧凑的主板，支持用于小空间、相对低成本的计算机。Mini-ITX 非常小，尺寸为 170 mm×170 mm（6.75 英寸×6.75 英寸），电源功率小于 100 W。

3．功能集成

声卡、显卡、调制解调器、网卡等外围设备扩展功能卡都集成在主板芯片组中，这样的主板称为整合主板或集成板。外围设备的扩展功能都集成在主板上，所以匹配性良好，整体性能稳定。现在整合主板中集成的显卡已拥有较好的 3D 能力，高清硬解码效果很好，安静、省电。一般由整合主板构成的微机为低档微机，配备赛扬 CPU。

5.2 主板的结构

计算机主板由印刷电路板（PCB 板）构成，主板上安装了集成电路、电阻、电容等电子元件，分布了多种扩展插槽和外设接口等，如图 1-5-1 所示。

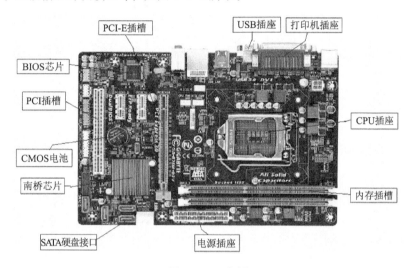

图 1-5-1　主板

1. 印制电路板

印制电路板（Printed Circuit Board，PCB）由多层树脂材料黏合在一起，内部采用铜箔走线（迹线）。一块典型主板的印刷电路板一般为 4～6 层，4 层板的最上和最下两层为"信号层"，中间两层为"接地层"和"电源层"。6 层板一般有 3 个信号层、1 个接地层、2 个电源层（提供不同的电压），如图 1-5-2 和图 1-5-3 所示。

图 1-5-2　4 层印刷电路板　　　　　图 1-5-3　6 层印刷电路板

2. 主板架构

主板的架构应与 CPU 相匹配。CPU 具有 Slot 和 Socket 两大类，主板上的 CPU 插座与之相匹配，也有 Slot 和 Socket 两大架构形式。由于 Slot 架构已淘汰，现在市场上仅存 Socket 架构的主板。Socket 架构的 CPU 插座如图 1-5-4 所示。

注意：不同类型的 CPU 必须与相应类型架构的主板（插座）相匹配。

图 1-5-4　Socket 插座

PC 从 386 开始采用 Socket 插座安装 CPU。所采用的 Socket 插座从 Socket 4、Socket 5 发展到 Socket 478、Socket 775，至 Socket2011v3；AMD 公司则从 Socket A（Socket 462）发展到 Socket 939、Socket AM2 等，至 AM3、AM4。

（1）Intel。

Super 7：Super 7 是 Socket 7 系列的升级版本，Super 7 的外频已提高到 100 MHz（最高达 133 MHz），提供了 AGP（Accelerated Graphics Port，图形加速端口）插槽，可以使用 AGP 显卡。兼容 Socket 7 支持的所有 CPU，能与 AMD 的 K6-2、K6-3 配合构成高性价比的 PC。

Socket 478：Intel 公司为 P4 处理器设计的标准接口，478 针脚插孔。

Socket 775：又称 Socket T，775 个触点底座，支持 LGA775 封装的 Pentium 4、Pentium 4 EE、Celeron D 等 CPU。

Socket 1366：Socket B（LGA 1366），1 366 个触点底座，支持 Intel Core i7、Core i7 Extreme 等 CPU；支持 Quick Path Interconnect（QPI）总线架构以及 2 400 MHz /3 200 MHz 的前端总线频率；支持 2 条全速 PCI-E×16 2.0，支持三通道 DDR3。

Socket 1155/1156：Socket H（LGA 1155/1156），第三代英特尔®酷睿™i7/i5/i3/奔腾®/赛扬®处理器 CPU 的接口。

Socket 1150：Socket（LGA 1150），1 150 个触点底座，第四代英特尔®酷睿™i7/i5/i3/奔腾®/赛扬®处理器 CPU 的接口。

Socket 1151：Socket（LGA1151），1 151 个触点底座，第六代、第七代英特尔酷睿处理器的接口。

Socket2011：Socket R（LGA 2011），2 011 个触点底座，英特尔 Sandy Bridge-EX 微架构 CPU 使用的接口。LGA2011 接口将取代 LGA1366 接口，成为 Intel 的旗舰产品。配套 X79 主板，支持 i7 4820K、i7-4930K、i7-4960X 等，支持 DDR3 内存。

Socket2011v3：Socket R（LGA 2011v3）。2 011 个触点底座，与 Socket2011 区别为配套 X99 主板，支持 i7-5820K、i7-5930K、i7-5960X 等，支持 DDR4 内存。Socket 2011v3 架构的插座，如图 1-5-5 所示。

（2）AMD。

Socket A（Socket 462）：AMD 为 Athlon（K7）处理器设计的接口标准。

Socket 462：AMD 共推出六款 Socket 462 接口的 Sempron，分别是 Sempron 2200+、2300+、2400+、2500+、2600+、2800+，实际工作频率为 1.5 GHz～2.0 GHz。

图 1-5-5　Socket 2011v3 插座

Socket 939：AMD 公司 2004 年 6 月发布的 64 位平台架构标准，具有 939 个针脚插孔，支持 200 MHz 外频和 1 000 MHz 的 HyperTransport 总线频率，支持双通道内存技术。

Socket 940：AMD64 位桌面机的架构标准，940 根针脚，支持双通道 DDR2 内存。

Socket AM2：2006 年 5 月发布，AMD 64 位桌面机的架构标准，940 根针脚，支持双通道 DDR2 内存。

Socket AM3/AM3+：AMD 生产的 45 纳米规格的 CPU 使用的接口，支持 X2 250、X3 435、X4 630。AM3 与 AM3+的区别：主板处理器插槽不同，电压管理模块的连接速度不同，CPU 固定器不同。

Socket AM4：AM4 接口采用 uOPGA 样式，针脚在处理器底部，触点在主板上，针脚数为 1 331 个，支持 DDR4。Socket AM4 为 AMD 公司新的统一架构。Socket AM4 架构插座如图 1-5-6 所示。

图 1-5-6　Socket AM4 插座

3．扩展插槽与外部接口

主板上占据面积最大、最醒目的是各种总线插槽和接口。CPU、内存、显卡、各种扩展卡（声卡、网卡、电视卡）、输入/输出设备（鼠标、键盘、打印机、扫描仪）全都是通过主板上的插座、插槽进行固定，通过接口相互连接。

4．主板芯片组

主板芯片组决定了主板的性能、质量和档次，几乎决定了主板的全部功能。主板控制芯片组分为主控制芯片组和功能控制芯片组两种。

1）主控制芯片组

微型计算机主板上的控制芯片组通常成组使用，按其在主板上放置位置的不同分为"北桥芯片"和"南桥芯片"。北桥芯片位于 CPU 插座附近，南桥芯片位于总线插座附近。有的芯片组集成了 3D 加速显示、AC'97 声音解码等功能，所以，它还决定着系统的显示性能和音频播放性能。图 1-5-7 所示为北桥芯片，图 1-5-8 所示为南桥芯片。

图 1-5-7　北桥芯片

图 1-5-8　南桥芯片

（1）北桥芯片（North Bridge）：系统控制芯片（主控内部设备），在系统中起主导性作用，所以又称为主桥（Host Bridge）。北桥芯片一般位于 CPU 附近，上面覆盖有散热装置。北桥芯片决定主板所匹配 CPU 的类型，系统总线频率，内存的类型、容量和性能，显卡插槽规格等；主要负责 CPU 与内存，CPU 与显卡接口等高速设备之间的通信，内部集成有内存控制器、Cache 高速控制器等。具体控制的项目有：

① CPU 与内存之间的交流。

② Cache 控制。

③ AGP 或 PCI-E 控制（图形加速端口）。

④ PCI 总线控制。

⑤ CPU 与外设之间的交流。

⑥ 支持内存的种类及最大容量的控制（此项标示了该主板的档次）。

新的英特尔®酷睿™处理器均采用 QPI 总线，北桥芯片被处理器中的 QPI 总线取代。

（2）南桥芯片（South Bridge）：系统 I/O 芯片（主控外围设备），一般位于主板上离 CPU 插槽较远的下方，PCI 插槽附近，上面一般没有覆盖散热装置。南桥芯片决定系统扩展槽的种类与数量、扩展接口的类型和数量（如 USB 2.0/1.1，IEEE 1394，串口，并口，笔记本的 VGA 输出接口）等；主要管理中低速的外围设备，内部集成有中断控制器、DMA 控制器等。具体控制的项目有：

① PCI、ISA 与 IDE 之间的通道。

② PS/2 鼠标控制（间接属南桥管理，直接属 I/O 管理）。

③ KB（Keyboard，键盘）控制。

④ USB（Universal Serial Bus，通用串行总线）控制。

⑤ System Clock（系统时钟控制）。

⑥ I/O 芯片控制。

⑦ IRQ 控制。

⑧ DMA 控制。

⑨ RTC 控制。

⑩ IDE 控制。

2）功能控制芯片组

主板上除了南桥、北桥主控制芯片以外，通常还集成了其他功能的控制芯片。如 BIOS、声卡芯片、网卡芯片、磁盘阵列控制芯片（RAID）等，它们分别提供多声道输出、以太网连接、RAID磁盘阵列等功能。

（1）BIOS（Basic Input/Output System，基本输入/输出系统）：主板上的一块重要芯片，即 ROM，芯片中存储了 BIOS 程序。

（2）声卡芯片：现在大多数的主板上安装有集成声卡芯片，能够满足对音效要求不高的用户的需求。图 1-5-9 所示为 ALC655 声卡芯片。

（3）网卡芯片：现在主板上一般都配备有集成网卡芯片，最常见的是 Realtek RTL8100B 10/100Mb 网卡芯片，如图 1-5-10 所示。

图 1-5-9　声卡芯片

图 1-5-10　网卡芯片

（4）Raid 芯片：Raid 的技术思想由美国加利福尼亚大学伯克利分校的 David.A.Pattorson 教授等人于 1987 年提出。Raid 的技术思想是：利用现有的小型磁盘，把多个磁盘按一定的方法组成一个磁盘阵列，通过相应的硬件和一系列调度算法，使整个磁盘阵列对用户来说如同使用一个容量很大、可靠性和速度都非常高的大型磁盘。所以，RAID 芯片是高速 CPU 和慢速外存（主要是磁盘）之间数据传输矛盾的有效解决方案。图 1-5-11 所示为一块 HighPoint374 的 RAID 控制芯片。

3）芯片组产品

目前，世界上能够生产芯片组的厂家有英特尔（美国）、VIA（中国）、SiS（中国）、AMD（美国）、nVIDIA（美国）、ATI（加拿大）、IBM（美国）、HP（美国）等。市场上最为常见的芯片组是 Intel 和 AMD。

（1）Intel：Intel 的 PC 主板芯片组当前产品有 Q470、W480、B560、H410、Z490 等。

（2）AMD：AMD 主板芯片组产品主要有 X470、B450、A520、B550 等。

（3）VIA：威盛电子股份有限公司的主板芯片组产品有 K7 芯片组、K8 芯片组、P4 芯片组、C 系列芯片、V 系列芯片组。

（4）nVIDIA：2018 年宣布停止芯片组业务。

5．前端总线

前端总线（Front Side Bus，FSB）：CPU 与北桥芯片之间的数据传输总线。P4 以前的 CPU 和 P4 早期的 CPU 主频较低，CPU 与北桥芯片之间数据的传输量不大，FSB 采用外频传输数据就能满足系统的需求。随着 CPU 主频的提高，系统数据处理量的增大，CPU 与外围设备之间（北桥芯片间）的数据传输量大大增加，于是，FSB 成为影响系统性能提高的瓶颈。改进的方法类似外频与主频的方法，即采用 DDR（Double Data Rate SDRAM，双倍速率同步动态随机存储器）或 QDR（Quadplex Data Rate SRAM，四倍数据传输率）等技术，增设多条生产线（倍频），让 FSB 在一个时钟周期内完成 2 次、4 次或多次的数据传输任务，以满足 CPU 与北桥芯片之间数据传输任务的需要。例如，400 MHz 或 533 MHz 的 FSB，即以 100 MHz 或 133 MHz 的外频进行 4 倍次的传输，如图 1-5-12 所示。

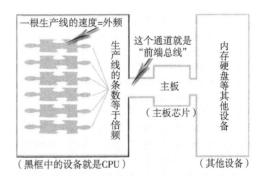

图 1-5-11　HighPoint374 Raid 控制芯片　　　　图 1-5-12　FSB 总线

FSB 的数据传输能力不能与内存带宽相匹配，远低于 CPU 的数据处理能力，已淘汰。

6．QPI 总线

QPI（Quick Path Interconnect，快速通道连接）总线：FSB 遇到数据传输的瓶颈，迫使英特尔下决心抛弃它而采用 QPI 总线。QPI 采用在处理器内部集成内存控制器的体系架构，用于处理器之间和系统组件之间的互联通信，CPU 可直接通过内存控制器访问内存资源，不必采用繁杂的"前端总线→北桥→内存总线"模式。

QPI 总线采用点对点（Point-to-Point）互连技术，具有 4 条通路，每条通路有一对线路分别负责数据的发送和接收。QPI 总线采用双向传输，每条 QPI 总线链路理论上最大速率可以达到 25.6 GB/s，单向速率可以达到 12.8 GB/s。QPI 总线使 CPU 与 CPU 之间的峰值带宽最高达 96 GB/s，并且还具备热插拔功能。例如，采用 QPI 总线的 Core i7 处理器，带宽为 24～32 GB/s。

7．DMI 总线

DMI（Direct Media Interface，直接媒体接口）总线：英特尔推出的用于连接南、北桥芯片之间的串行总线。英特尔计划用 DMI 总线取代 Hub-Link 总线。DMI 采用点对点的连接方式，时钟频率为 100 MHz，为基于 PCI-E 的总线。DMI 总线实现了上行与下行各 1 GB/s 的数据传输率，总带宽达到 2 GB/s。该高速接口集成了高级优先服务，允许并发通信，具有真正的同步传输的能力。DMI 的基本功能对软件完全透明，兼容早期的软件。DMI 总线已用于 Core i5 核心处理器。

5.3　总线与接口

微机主板上占据大量面积的是各类总线插槽，以及各类外围设备的接口。

1．总线

总线（Bus）：计算机的一种内部结构，由导线组成的传输线束，为计算机各种功能部件之间传送信息的公共通信干线。主机的各个部件通过总线相连接，外围设备通过相应的接口电路再与总线相连接，从而形成计算机的硬件系统。微型计算机的总线分为内部总线和外部总线。

内部总线：CPU 核心内部的数据总线、控制总线和地址总线。

外部总线：主板上的数据总线、控制总线、地址总线。外部总线是 CPU 与芯片组之间，以及芯片组与外围设备之间进行数据信息、控制指令和寻址指令传输的公共通信线。

总线速率：计算机中不同总线的时钟频率采用了不同的标准，各总线的数据传输速率取决于该总线的时钟频率，一般情况下时钟频率越高，总线中的数据传输率越高。总线的最大数据传输率称为总线速率（数据带宽），可由以下公式计算：

$$速率=总线数据宽度×时钟信号频率/8$$

计算结果的单位为 MB/s，即每秒传输兆字节数。公式中的总线数据宽度取决于各总线（接口）的技术标准。如 P4 微机的内存总线数据宽度为 64 位，时钟信号与 CPU 的外频相同，当 CPU 采用 66 MHz 外频时，内存总线的最大数据传输率为：

$$64×66.6/8=532 \text{ MB/s}$$

当 CPU 采用 100 MHz 外频时，数据传输速率则可以提高到：

$$64×100/8=800 \text{ MB/s}$$

所以，在保持数据宽度不变的情况下，通过提高总线时钟频率可以提高数据传输速率。

2．总线插槽（扩展槽）

ISA 插槽：与 ISA 总线相匹配，为老式主板上长的、黑色的扩展槽。ISA 总线数据宽度 16 位，时钟频率为 8.3 MHz，最高数据传输率为 16 MB/s，已淘汰。

EISA 扩展槽：与 EISA 总线相匹配，老式主板上长的、黑色的扩展槽，已淘汰。

PCI 扩展槽：与 PCI 总线相匹配，用以安装显卡、声卡、电视卡、SCSI 等扩展卡。PCI 扩展槽在主板上具有编号，靠近 AGP 端口的 PCI 槽为 1 号，其他依次为 2～5 号。PCI 槽的编号在某些操作系统或应用软件中需要用到。PCI 插槽的技术规范主要有 PCI 2.0 和 PCI 2.1 两种标准。

AMR 和 CRN 插槽：AMR（Audio Modem Riser）和 CNR（Communication and Network Riser）都是 Intel i810 芯片组问世后根据 AC'97 规范设计的声卡、通信和网络专用插槽，一般设置在 AGP 槽旁边或者紧靠 ISA 槽，尺寸是 PCI 插槽的一半。

AMR 插槽的开发早于 CNR，使用时需占用一个 PCI 槽的资源，支持符合 AC'97 规范的软声卡和软 Modem。由于 AMR 不支持局域网卡，用户实际使用和厂家支持不多，已淘汰，由 CNR 代替。

CNR 插槽在 Intel 公司推出 i815 芯片的同时开发。CNR 与 AMR 槽外形相似，在主板上的位置也相同。CNR 槽占用 ISA 槽的资源，可为用户节约一个 PCI 扩展槽。CNR 同样支持软声卡和软 Modem，增设了对局域网卡的支持，符合 PC'99、PC'2000 规范。

AGP 插槽：AGP（Accelerated Graphics Port，高速图形端口）总线，专用于显卡，Intel 公司为提高 PC 系统的三维显示速度而开发。AGP 8X 的数据最大传输速率为 2 133 MB/s。

PCI Express 插槽：又称 PCI E 总线，主要用于显卡，有 PCI Express 1X 到 PCI Express 16X 等多种规格，其优势是数据传输速率高，目前最高达 10 GB/s 以上。

3．接口

微型计算机的外围设备接口包括两大部分：

1）主机系统内部接口

主机系统内部的接口主要指：主板上的电源接口，显卡等板卡与主板上系统总线的接口，硬盘、光驱与主板的接口如图 1-5-1 所示。

2）主机与外围设备的接口

微型计算机与外围设备之间的接口，如打印机、闪存盘、外置 Modem、MP3 播放机、扫描仪、DC、DV、移动硬盘、手机、写字板等与主板连接，与主机进行通信的接口，如图 1-5-13 所示。

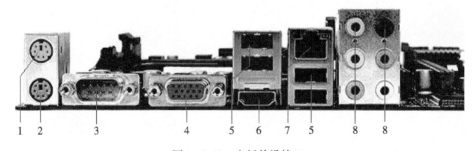

图 1-5-13　主板外设接口

1．PS/2 鼠标接口；2．PS/2 键盘接口；3．COM 接口；4．显卡接口；5．USB 接口；
6．IEEE 1394 接口；7．RJ-45 接口（双绞以太网线接口）；8．声卡（耳麦）I/O 接口

计算机外围设备的接口一般采用防呆设计（即各类接口均采用突出或凹陷的方式设计，以保证同类，或异类接口在安插时不被插反、插错，以杜绝操作可能产生的故障和错误）。

3）接口类型

计算机的接口类型主要有串行接口、并行接口、IDE 接口、USB 接口、IEEE 1394 接口、PCI 总线接口、音频接口、视频接口、网线接口、无线接口、光纤通道等。

4）常用外围设备接口

（1）串行接口（Serial Port），简称串口，有 COM1 和 COM2 两个口。COM 口的数据传输率是 115～230 kbit/s，用来连接鼠标、外置 Modem、老式摄像头和写字板等。

（2）并行接口（Parallel Port），简称并口，即 LPT 口（打印口）。并口的数据传输率为 1 Mbit/s，比串口快 8 倍，一般用来连接打印机、老式扫描仪等。

（3）PS/2 键盘鼠标接口，如图 1-5-14 所示。PS/2 名字源自于 IBM PS/2，只用于主机与鼠标和键盘的连接，紫色的连接键盘，绿色的连接鼠标。PS/2 键盘鼠标接口基本已被 USB 接口取代。

图 1-5-14　PS/2 键盘鼠标接口

（4）VGA 显示器视频接口。该接口为标准的 PC 到显示器的模拟视频信号传输接口，如图 1-5-15 所示。

图 1-5-15　VGA 显示器视频接口

（5）DVI（数字显示接口）。DVI 接口标准于 1999 年推出，DVI 标准对接口的物理方式、电气指标、时钟方式、编码方式、传输方式、数据格式等均给出了严格的定义和规范。DVI 接口有 DVI-I 和 DVI-D 两种接口模式。DVI-I 接口兼容数字信号和模拟信号；DVI-D 接口为纯数字信号接口，不能兼容模拟信号，如图 1-5-16 所示。

图 1-5-16　DVI 数字显示接口

（6）RJ-45 网络接口。图 1-5-17（a）是当前构成局域网的以太网双绞线及其 RJ-45 网络接口公口，图 1-5-17（b）是与之匹配的 RJ-45 网络接口的母口。

（a）RJ-45 网络接口公口　　　　　　　　　（b）RJ-45 网络接口母口

图 1-5-17　RJ-45 网络接口

（7）通用串行总线（Universal Serial Bus，USB）接口。1994 年底由英特尔、康柏、IBM、Microsoft 等多家公司联合提出。目前主要的版本有 USB 1.1、USB 2.0 和 USB 3.0，各 USB 版本之间有着良好的兼容性。USB 是一个使计算机周边设备连接标准化、单一化的接口。USB 的通用标志及接口如图 1-5-18 所示。

图 1-5-18　USB 标志和接口

USB 1.1 规范：高速方式的传输速率为 12 Mbit/s，低速方式的传输速率为 1.5 Mbit/s。

USB 2.0 规范：由 USB 1.1 规范演变而来，传输率达到 480 Mbit/s。USB 2.0 的"增强主机控制器接口"（EHCI）定义了一个与 USB 1.1 相兼容的架构，完全兼容 USB 1.1 的设备。USB 2.0 的接口主要有 3 种类型：

Type A：一般用于 PC 与外设的连接，如图 1-5-19 所示。

图 1-5-19　USB 的 Type A 接口

Type B：一般用于与 USB 设备的连接，如图 1-5-20 所示。

Mini-USB：一般用于数码照相机、数码摄像机、测量仪器以及移动硬盘等设备，如图 1-5-21 所示。

图 1-5-20　Type B 接口　　　　　　　　　图 1-5-21　Mini-USB 接口

USB 3.0 规范：USB 3.0 引入全双工数据传输，传输速率大约为 3.2 Gbit/s（即 400 MB/s），理论上最高速率是 5.0 Gbit/s（即 625 MB/s）。

USB 采用 4 针的插头为标准插头，采用菊花链形式可以把所有的外设连接起来，在不损失带宽的条件下最多可以连接 127 个外围设备。USB 需要主机硬件、操作系统和外设的共同支持才能工作。USB 具有传输速度快（USB 1.1 是 12 Mbit/s，USB 2.0 是 480 Mbit/s，USB 3.0 是 5 Gbit/s），使用方便，支持热插拔，连接灵活，独立供电等优点，可以连接鼠标、键盘、打印机、扫描仪、摄像头、手机、数码照相机、移动硬盘、外置光软驱、USB 网卡、ADSL Modem、Cable Modem 等外围设备。

（8）IEEE 1394 接口，其前身为 Firewire（火线），是 1986 年由苹果公司针对高速数据传输所开发的一种传输介面，于 1995 年获得美国电机电子工程师协会认可，成为正式标准，如图 1-5-22 所示。

图 1-5-22　IEEE 1394 接口

IEEE 1394 是一种高效的串行接口标准，功能强大而且性能稳定，支持热插拔和即插即用。IEEE 1394 可以在一个端口上连接多达 63 个设备，设备间采用树形或菊花链拓扑结构。IEEE 1394 标准定义了两种总线模式，Backplane 模式和 Cable 模式。其中 Backplane 模式支持 12.5 Mbit/s、25 Mbit/s、50 Mbit/s 的传输速率；Cable 模式支持 100 Mbit/s、200 Mbit/s、400 Mbit/s 的传输速率。最新的 IEEE 1394b 标准达到 800 Mbit/s 的传输速率。

IEEE 1394 适用于大多数需要高速数据传输的产品，如高速外置式硬盘、CD-ROM、DVD-ROM、扫描仪、打印机、数码照相机、摄影机等。IEEE 1394 接口可以直接当作网卡联机，也可通过 Hub 扩展出更多的接口。没有 IEEE 1394 接口的主板可以通过插接 IEEE 1394 扩展卡来获得其功能。

IEEE 1394 有 Backplane 和 Cable 两种传输方式。

Backplane 模式：这种模式的最小速率为 12.5 Mbit/s、25 Mbit/s、50 Mbit/s，适合于多数高带宽的应用。

Cable 模式：该模式的传输速度非常快，有 100 Mbit/s、200 Mbit/s 和 400 Mbit/s 几种，在 200 Mbit/s 下可以传输不经压缩的高质量数据电影。

USB 与 IEEE 1394 的相同点：

① 两者都是一种通用外接设备接口。

② 两者都可以快速传输大量数据。

③ 两者都能连接多个不同设备。

④ 两者都支持热插拔。

⑤ 两者都可以不用外部电源。

USB 与 IEEE 1394 的不同点：

① 两者的传输速率不同。USB 的传输速率比 IEEE 1394 的传输速率小得多。

② 两者的结构不同。USB 连接时必须至少有一台计算机，并且需要 Hub 来实现互连，整个网络中最多可连接 127 台设备。IEEE 1394 不需要计算机控制所有设备，也不需要 Hub，IEEE 1394 可以通过网桥连接多个 IEEE 1394 网络。即，IEEE 1394 在实现 63 台 IEEE 1394 设备的连接后，可以用网桥与其他 IEEE 1394 网络连接，从而达到无限的连接。

③ 两者的智能化不同。IEEE1394 网络可以在其设备进行增减时自动重设网络。USB 则需要用 Hub 来判断连接设备的增减。

④ 两者的应用程度不同。USB 已经被广泛应用于各个方面，几乎每台 PC 主板都设置了 USB 接口。IEEE 1394 现在只应用于音频、视频等多媒体方面。

（9）Cinch / RCA 接口：视频和音频接口。右边接口母口的黄色接口为 Video，白色（或黑色）与红色配对，分别为模拟立体声左右声道音响接口，红色/蓝色/绿色为 HDTV 信号接口，如图 1-5-23 所示。

图 1-5-23　Cinch / RCA 接口

5.4　主板的选购

由于微型计算机的整体性能、运行速度和稳定性在很大程度上取决于主板的性能和质量。所以，一定要高度重视主板的选购。选购的重心在于芯片组。要求芯片组性能强，具有良好的兼容性、互换性和扩展性。其次，注意主板产品的性价比。

1. 优先考虑的因素

（1）由 CPU 确定主板芯片的类型。

CPU 必须与主板相匹配，不同核心类型的 CPU 需要相应主板的支持。在确定 CPU 品牌和核心类型的基础上，确定主板的架构和型号。

（2）对内存的支持。

DDR3、DDR4 内存条对内存插座互不兼容，需要不同类型主板的支持。

2. 选购要领

选购主板一般应遵循以下几个要领：

（1）按需求和应用环境选购。

① 按当前自己的实际需求选购主板。

② 按应用环境和条件选购主板。工作环境比较紧凑，可考虑 Baby AT、Micro ATX 或 Flex ATX 板型；构建良好的多媒体环境，需要选择能够匹配主频高、浮点运算能力强和缓存空间大的 CPU

及主板；需要开机省时、省电、方便，应选择支持 STR 等具有节能功能的主板。

③ 考虑到今后的升级，应选择扩展性好、性能出众的主板。

④ 只要求够用、好用就行，考虑选择整合型主板。

⑤ 要求系统前卫，对速度、稳定、系统安全要求近乎苛刻，应选择高性能主板。

⑥ 同一档次的产品，则应考虑主板、芯片组的品牌、功能的集成等。

（2）品牌。品牌决定产品的质量和性能，应选择品牌产品。

（3）服务。无论选择何种档次的主板，购买前都要认真考虑和了解厂商的售后服务。能否提供完善的质保服务（质保卡、承诺产品的保换时间），配件提供是否完整等。

（4）系统性能。系统性能表现在主板对 CPU 电压、外频、倍频的支持范围，大量高级程序运行或不同超频状态下的稳定性等。可以通过观察主板的做工、用料、板面布局等做出初步判断。

（5）附加功能。附加功能指 CPU 温度监测，软硬件安全保护措施、多级电源管理功能、各种方便的开机方式、管理的智能化程度、散热性能等。

（6）经济性。经济性不等同于价格低，选择的要点：一是明确应用需求，做到所选既所需；二是明确购买档次，选择购买时机和争取最高的性价比。

（7）稳定性和可靠性。

拷机测试：让系统长时间运行，检测系统运行的持续稳定性。

（8）兼容性。兼容性在微型计算机中至关重要，必须认真考虑。

（9）升级和扩充。主要考虑的是主板上的总线插槽数、内存插槽数等。

小　　结

本章通过分类、结构和性能几个方面介绍了计算机主板。计算机工作稳定与否，主板是关键。本章从应用的角度重点介绍了主板芯片组、接口标准以及各种外设插槽的功能。

习　　题

一、选择题

1. _____用于与 CPU、内存及显卡接口联系。

    A. 南桥芯片　　　　B. 中央处理器　　　　C. 北桥芯片　　　　D. BIOS

2. 当前市场上主板的架构为_____。

    A. Slot　　　　　　B. Socket　　　　　　C. Super　　　　　D. BTX

3. _____的接口使用最为广泛。

    A. IEEE 1394　　　B. COM　　　　　　　C. USB　　　　　　D. RJ-45

二、填空题

1. 主板的扩展插槽主要有_____、_____、_____、_____、_____。

2. 微型计算机的总线有_____和_____。

3. 总线的分类有_____、_____和_____。

三、简答题

1. CPU 的接口与主板的架构有什么关系？目前市场上主要采用什么架构？

2. 北桥芯片和南桥芯片有什么区别，它们分别承担哪些功能？

3. 为什么说芯片组决定了主板的性能、质量和档次？

4. Intel 为什么要以 QPI 总线取代 FSB 总线？

5. 什么接口支持热插拔？支持热插拔有什么优点？

6. 选购主板时首先要考虑哪些主要因素？

7. 为什么说整合主板的发展前景好？

第6章 | 机箱与电源

机箱和电源是计算机主机产品的主要部件之一，机箱和电源的质量关系到计算机能否稳定运行，本章从结构和性能等方面介绍计算机的机箱与电源。

6.1 机　　箱

机箱是一个装载主机及各部件的箱子，通常由金属材料和塑料面板构成。机箱具有防尘、屏蔽电磁辐射、散热等功能。

1. 机箱的分类

相应类型的机箱必须安装与之匹配的主板和电源。

（1）从结构上，机箱分为 AT 和 ATX 两种。

① AT 机箱支持 AT 主板的安装，已淘汰。

② ATX 机箱支持 Pentium Ⅱ以上的机型。

Micro ATX 机箱是 ATX 机箱的改进型，目的是节省桌面空间。Micro ATX 机箱比 ATX 机箱的体积小。

（2）从样式上，机箱分为立式和卧式两种。

① 立式机箱内部空间相对较大，而且由于热空气上升冷空气下降的原理，立式机箱的电源在上方，散热效果较卧式机箱好，添加各种配件也较方便。立式机箱的体积较大，如图 1-6-1 所示。

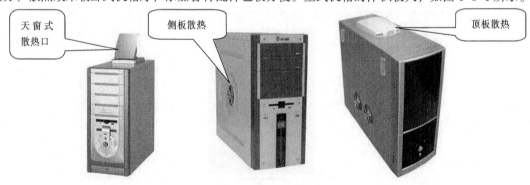

图 1-6-1　立式机箱的散热

② 卧式机箱无论在散热还是易用性方面都不如立式机箱，但它可以放在显示器下面，节省桌面空间，如图 1-6-2 所示。

图 1-6-2　卧式机箱

（3）从尺寸上，机箱分为超薄、半高、3/4 高和全高几种，差别主要在于机箱上配备的 3 in 以及 5 in 驱动器架的数量。新机箱已取消了 3 in 的驱动器架。

① 超薄机箱多数仅配备 1～2 个 5 in 驱动架和 1 个 3in 驱动器架，扩展性差。

② 半高机箱有 2 个 5 in 驱动器架和 1 个 3 in 驱动器架，3/4 高机箱有 3 个 5 in 驱动架和 1 个 3 in 驱动器架，扩展性较好。

③ 全高机箱有 4 个 5 in 驱动器架和 1 个 3 in 驱动器架，扩展性很好。

2．机箱的结构

（1）机箱外壳：外壳的作用是保护机箱内的元件。所以机箱外壳必须具有一定的硬度，要有防辐射的功能和利于散热的结构。

（2）支架：机箱内的支架用于固定主板、电源和各种驱动器。考虑到机箱扩展卡插口、驱动器架的个数直接影响到微机外围设备的扩充。一般厂商在进行机箱设计时往往会预留 2～3 个驱动器的安装位置，以便用户可以直接扩充设备。

（3）面板：机箱的面板大都采用硬度较高的 ABS 或 HIPS 工程塑料制成，使面板易于清洁，使用很长时间也不会泛黄或开裂。机箱面板上有开关、指示灯和驱动器的安装口，现在，机箱面板上增设了 USB 接口等实用的设置。

3．机箱的外形

机箱除了承担装载微机的各种部件外，还具有装饰作用。家用微机的外形美观与否是用户考虑的主要因素之一。机箱的颜色除常见的白色外，还有银色、蓝色、黑色、红色以及透明、荧光色等。造型一般为长立方体，也有梯形体、圆柱体、半月形或其他形状。

4．机箱的散热系统

微机工作时会产生很多热量，若不及时将热量排出机箱，就可能引发微机故障——死机，并缩短微机的使用寿命。具有良好散热系统的机箱配备了可调速的温控风扇，机箱的侧面、顶部、背面开有散热口。

6.2　电　　源

微型计算机采用开关式电源。

1．电源的分类

微机的电源与机箱和主板相匹配，按机箱和主板的标准有 AT 和 ATX 两种电源。

（1）AT标准。IBM推出PC-AT/XT微机，采用开关电源作为微机的电源，并由此形成AT标准。AT电源已淘汰。

（2）ATX标准。人们通过修订AT标准，制定出ATX标准，对电源在稳定性、合理性、功能和安全性上都针对当前微机的特点进行了详细的规定和补充。ATX电源具有自动控制功能，与主板配合能够完成遥控启动和自动关机等。

2．电源的结构

外观上，电源配备了输入的电源插口、主板输出接口、D型输出接口等输出接口，还有一个相对较大的散热风扇，如图1-6-3所示。

1）输出接口

AT电源为两个P型插头，向主板提供±5 V和±12 V电压。ATX电源与主板的接口为一组20孔的插头，向主板提供±3.3 V和±12 V电压。

（1）D型大插头向驱动器提供±5 V和±12 V电压。

图1-6-3　散热风扇

（2）ATX 12V标准的电源还配置了一个专用的4芯插头，向CPU提供+12 V电压。

（3）ATX2.02标准有一种6芯的接口用来辅助主板进行供电。

2）电源内部结构

电源内部结构可分为7个部分，如图1-6-4所示。

图1-6-4　电源内部结构

（1）电源滤波区。该区的作用是对输入的交流电进行净化、滤波。这部分电路由电容、扼流圈组成的多级电源滤波器构成。以低通滤波的形式将电源线上的高频电磁杂波信号滤除掉，同时防止电源内部的电磁干扰泄漏出去。线路中两个高压瓷片电容分别并联在机壳和火线、零线上，当机壳接地时可将杂波信号短路。若微机没有安装接地线，就会形成110 V的感应电，人体接触就会造成触电感，所以微机应良好接地。

（2）高压整流滤波电路。该部分电路的作用是对交流电进行整流滤波以形成高压直流电，为开关电路供电。这部分电路主要由二极管和电容组成，4个二极管组成的全桥电路对交流电进行整流后转换为脉动直流电，再经过两个高压电容的滤波使之转变成比较稳定的直流电。因此电容容量的大小对整流滤波的效果影响很大，大容量的电容能够减少电源输出端的纹波大小，并能在意外断电时提供更长的供电时间。

（3）开关电路。电路的作用是以开关电源的形式，将高压直流电转换为高压高频的脉冲波，然后利用高频变压器降压，通过低压整流滤波电路输出各路直流电。高频变压器是开关电源的核心电路原件之一，采用铁氧体材料制成，具有转换效率高、体积小巧的特点。

微机使用的开关电源一般采用半桥式功率转换电路，工作时两个开关晶体管轮流导通，产生 100 kHz 的高频脉冲波，通过高频变压器降压后输出低电压的交流电。由于工作在很高的频率下，电路对元件质量和线路的搭配都有很高的要求。

（4）低压整流滤波电路。与高压端的整流滤波相同，这部分电路负责整流滤波输出直流电。高频变压器输出端有多个绕组，经过半桥元件和电感、电容组成的整流滤波电路后输出各直流电压。这个电路使用具有快速恢复功能的肖特基二极管组成的半桥电路进行整流，以适应高频的需要。由于输出电流相当大，所以对二极管最大电流的限制具有很高的要求，要求滤波电容的内阻必须很小，应该使用电解电容滤波，或采用多个电容并联进行滤波。

（5）PVVM 控制（控制调制区）。当前微机的开关电源主要采用 PVVM 脉冲宽度调制的方式，专用的控制芯片对两个开关管进行控制以调整输出电压的高低。

（6）待机电路，即 G.P 信号发生电路。该区域中的 G.P 信号电压为系统的稳定运行提供保障和保护。微机启动时输出电压从建立到稳定、可靠地向负载传送需要一定的时间。为保证微机控制器的工作稳定可靠，由电源中的 G.P 信号发生电路向主机板馈送一个自检信号，微机的主控系统在接收到正确的 G.P 信号后才正式启动。在意外断电时，该 G.P 信号发生电路也能及时地送出关机信号让微机马上停止工作。所以待机电路对微机和外设的稳定运行都起到很好的保护作用。

（7）散热风扇。这部分电路由风扇和风扇供电电路组成，风扇对电源内部的元件进行散热，同时将机箱内的热空气排出，以保证电源内部的各种电气元件工作在合适的温度下。

3．性能指标

开关电源的性能指标主要有以下几个方面：

（1）功率。功率是电源性能的主要参数之一。市场上 ATX 电源有 250 W、300 W、350 W、400 W、500 W 等。功率越大，代表其可连接的设备越多，微机工作的稳定性越高、扩充性越好。

（2）过压保护。当电源检测到输出电压超过某一数值时能自动中断输出，从而保护了板、卡可能遭受的损坏。

（3）PFC。PFC（Power Factor Correction，计算机功率因素）为计算机输出有功功率的能力。

$$功率因素=实际功率/视在功率$$

以主动式 PFC 电路，达到 80PLUS 的标准为好。

（4）输出电压的稳定性和波纹。

① 输出电压的稳定性：衡量计算机电源质量的重要指标。输出电压低，则计算机无法工作甚至无法启动；输出电压过高将会烧毁机器。

② 波纹：输出电压中的交流电成分。计算机使用的电源应为干净的直流电，要求交流的成分越少越好，波纹大会对计算机的主板直接造成伤害。

（5）电源的兼容性和安全认证。我国政府对电源产品的安全性和电磁兼容性做了严格的规定。国家认监委制定了《强制性产品认证标志管理办法》，将产品安全认证（CCEE）、进口安全质量许可制度（CCIB）和电磁兼容认证（EMC）合二为一，制定了 CCC（China Compulsory Certification，又称 3C）认证标准，整体认证法与国际接轨，如图 1-6-5 所示。

安全认证标志（S）　　　电磁兼容（EMC）　　　安全与电磁兼容（S&EMC）

图 1-6-5　3C 认证

CCC 认证自 2002 年 5 月 1 日起开始实施，自 2003 年 5 月 1 日起强制实施。

小　　结

本章介绍了机箱和电源，应重视机箱和电源在保障计算机系统稳定运行中的作用。理解机箱在散热方面的作用；在保证电源功率的前提下，还应注意 PFC 及电源的安全认证。

习　　题

一、填空题

1. 机箱具有_____、_____、_____等功能。
2. 我国政府对电源产品的_____、_____做了严格的规定。

二、简答题

1. 什么是 3C 认证？
2. 试述机箱的作用及电源的性能指标。
3. 电源的选购应注意哪些问题？

第7章 | 笔记本电脑

便携式计算机，即人们俗称的笔记本电脑。随着计算机应用的发展，市场上主流应用的计算机是便携式计算机，即笔记本电脑。

7.1 笔记本电脑的系统组成

笔记本电脑（NoteBook Computer，NoteBook），又称手提电脑或膝上电脑（Laptop Computer，Laptop）。笔记本电脑硬件系统设计得十分紧凑，由液晶显示屏和主机（键盘、触摸板合为一体）两大部分构成，如图 1-7-1 所示。

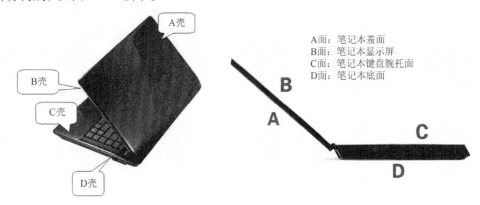

图 1-7-1　笔记本电脑

1. 主机

笔记本电脑的主机，其内部结构与 PC 相似，包括 CPU、硬盘、内存、显卡等。便携式计算机的构成如图 1-7-2 所示。

2. 外围设备

笔记本电脑的紧凑设计，使其外围设备及其接口与主机完全合为一体。原则上，PC 所拥有的外围设备，笔记本电脑也完全与之匹配。

3. 软件系统

笔记本电脑的软件系统与 PC 完全匹配。

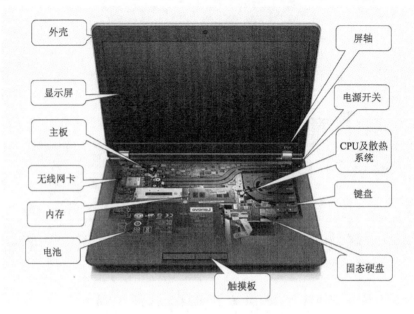

外壳

显示屏

主板

无线网卡

内存

电池

屏轴

电源开关

CPU及散热系统

键盘

固态硬盘

触摸板

图 1-7-2　笔记本电脑的构成

7.2　笔记本电脑的分类

（1）商务笔记本电脑。

　　商务笔记本电脑主要为用户的商务应用而设计。商务笔记本电脑的外观沉稳、大气，颜色以深色为主。商务笔记本电脑的办公性能非常优秀，一般采用中高端的 CPU 和内存，显卡则配置中低端独立显卡或采用集成显卡，硬盘采用固态硬盘和机械硬盘混合搭配方式。商务笔记本电脑电池的续航时间比较长，配备有丰富的外设接口，如 USB、Type-C、音频输入与输出、外置存储卡读卡器等。

（2）游戏笔记本电脑。

　　游戏笔记本电脑主要面向游戏市场。它能流畅运行主流的大型网游，能够保持长时间游戏无卡顿并且性能不下降，温度控制在硬件安全范围内。专业游戏笔记本电脑的特点是配备了顶级 CPU 和显卡，高速大容量的内存与硬盘，高分辨率、高刷新率屏幕，高速网络及外设接口，优秀的散热控制技术。游戏笔记本电脑的外形比较酷炫，体积较大、厚重，售价比一般商务笔记本电脑贵很多。

（3）超级笔记本电脑。

　　超级笔记本电脑是英特尔公司为了对抗平板电脑而推出的产品，超级笔记本电脑具备与 PC 相近的性能，同时又具备平板电脑的便携性和续航能力。超级笔记本电脑的外观追求轻、薄、时尚、坚固，一般采用合金外壳。轻薄的造型，硬件采用特别的设计和布局，为此放弃了很多普通笔记本电脑拥有的接口，往往只保留电源接口和一两个 Type-C 接口。为了保证续航能力和散热效果，超级笔记本电脑通常使用低压版 CPU、集成显卡或中低端独显，采用固态硬盘存储。

（4）学生笔记本电脑。

　　学生笔记本电脑面向的群体非常明显，群体的特点也很明显。不过，学生对笔记本电脑的配置和性能要求比一般人高，而且特别追求时尚。

针对这样的特点，厂家在设计时对机器性能有主要影响的几个核心部件采用主流的高或较高配置，如 CPU、内存、显卡等；对一些不重要的方面则采用较低端的产品配置，以此提高产品的性价比，如采用机械硬盘、TN 屏等。外壳一般采用复合材料，既能降低产品价格，又有良好的视觉效果。

所以，学生笔记本电脑的特点是中端配置，能够满足绝大部分游戏的运行，大型游戏可以在不打开特效的情况下勉强运行。学生笔记本电脑的外观较时尚，具有较强的个性化，不追求轻薄和续航能力，性价比高。

（5）平板电脑二合一。

平板电脑二合一既可算是笔记本电脑，也可以算是平板电脑。笔记本电脑的硬件安置在键盘下方，平板电脑二合一却设计在屏幕下方。平板电脑二合一的屏幕部分为主机，屏幕和键盘可以拆卸，拆下键盘后，屏幕可以当平板电脑使用。平板电脑二合一配置低压版 CPU，绝大多数采用集成显卡，不配置独立显卡。平板电脑二合一的特点是加上键盘可以当笔记本使用，拆掉键盘可以当平板使用，游戏性能一般，续航能力不错，外观比较时尚。

7.3　笔记本电脑的选购

随着计算机及计算机应用的快速发展，购买计算机，人们已将目光放在笔记本电脑上，那如何选购呢？

学生族，口袋扁，首选当然是学生本。在校时用着，离开学校走上工作岗位以后再考虑更换。理由当然是学生本的性价比最高，还能凑合着玩玩时尚的游戏。

公司经理、公司的业务员，为了体现公司的形象，应该选择外观沉稳、大气的商务本。虽然性价比最差，但是，公司的形象更重要。

游戏发烧友，也只能选择游戏本。虽然性价比不太好，但为了能玩好游戏，也就顾不了那么多了。从另一个角度说，既然是发烧友，经济能力应该是很好的。

普通用户超极本是必然的选择。超极本的功能强，性价比适中；便携性和续航能力都很好，外观又比较时尚。

经常外出出差者应该选择平板电脑二合一。它的最大特点或者说优点，就是续航能力好、外观时尚。

7.4　笔记本电脑的维护

1. 保护液晶屏

不要在笔记本电脑专用背袋内放置过多物品，避免压坏液晶屏玻璃（若液晶屏中部显示有部分亮影，即为屏幕受压造成）。

2. 保持屏幕和键盘清洁

注意保持键盘清洁，用键盘垫可以防止灰尘。

屏幕灰尘清理，平时可以使用软毛刷、超细纤维布等擦拭屏幕。

3．优化系统

参考前述 PC 的系统优化，注意清理硬盘的软件垃圾。

4．避免损伤硬盘

带有机械硬盘的笔记本电脑，不要在开机情况下非水平方式移动笔记本电脑。否则，将可能刮花机械硬盘盘片，造成机械硬盘永久性物理损坏。

5．电池

大部分笔记本电脑的电池采用锂离子电芯，记忆效应很小。笔记本电脑带有智能充放电管理程序，电芯亏电时允许充电，电芯充饱时会自动切断充电。笔记本电池有效使用期为 2 年左右，此后会逐渐老化，待机时间下降。电池的电量保持在 20%～80%之间为最佳。

6．浸水处理

笔记本电脑浸水后，不能冒然开机，否则直接烧毁。笔记本内部有很多集成电路组件，用热风吹会造成电路板受热老化和变形，影响笔记本电脑的使用寿命。正确的做法是：立刻拔除电源线，卸下电池和外接设备；倾斜笔记本电脑，尽量排出机内液体，使用软布或纸巾拭去污物（擦拭要避免磨损机壳、屏幕表面）。用电风扇吹干机体及零件后，开机试运行。如果不能启动，应送交专业人员处理。

小   结

本章介绍了便携式计算机（笔记本电脑）的相关知识及其维护。

习   题

一、填空题

1．笔记本电脑的_____与 PC 完全匹配。

2．笔记本电脑主要分为_____、_____、_____和_____四大类。

3．笔记本电脑的维护主要有_____、_____、_____、_____和_____五项。

二、简答题

1．如何区分笔记本电脑的主机和外设？

2．如何选购笔记本电脑？

第8章 | 外围存储设备

计算机的存储系统由内存储器（内存）与外围存储器共同组成。计算机内存存储的信息断电后全部丢失；计算机数据信息的保存依靠计算机的外围存储器。计算机内存和外存所具有的上述存储性质共同保证了操作系统对计算机运行、运算的存储需求。外围存储器主要包括硬盘、光盘、闪存盘、固态硬盘等光磁类存储介质的存储器，均具有断电后持续保存数据的能力特点。

8.1 硬　　盘

硬盘是微型计算机最重要的外围存储设备，微型计算机的系统软件和应用软件一般都存储在硬盘中。运行时，系统需要反复地与硬盘上建立的虚拟内存交换信息，执行读/写操作。从输入/输出的角度，以 CPU 为参照，当硬盘中的程序和数据向 CPU 传输，被读入内存（读操作），硬盘属于输入设备；若硬盘保存 CPU 运行的结果时（写操作），硬盘又承担了输出设备功能。

8.1.1 硬盘产品综述

1. 概述

1）硬盘发展简史

从第一台磁盘存储系统 RAMAC（Random Access Method of Accounting and Control）的产生到现在存储容量达 TB 的硬盘，经历了数代的发展。

1956 年 9 月，IBM 的一个工程小组向世界展示了第一台硬磁盘存储系统 IBM 350 RAMAC，RAMAC 的磁头可以直接移动到盘片上的任何一块存储区进行存储。这套系统的总容量只有 5 MB，共使用了 50 个直径为 24 in 的硬盘。这些盘片表面涂有一层磁性物质，它们被叠起来固定在一起，绕着同一个轴旋转。

1968 年，IBM 公司首次提出温彻斯特（Winchester）技术。温彻斯特技术的精髓是"密封、固定并高速旋转的镀磁盘片，磁头沿盘片径向移动，磁头悬浮在高速转动的盘片上方，不与盘片直接接触"。它是现代硬盘的原型。

1973 年，IBM 公司制造出第一块采用温彻斯特技术的硬盘。

1979 年，IBM 发明薄膜磁头，从而使硬盘减小了体积、增大了容量、提高了读/写速度。

20 世纪 80 年代末，IBM 发明了磁阻（Magnetic Reluctance，MR）技术。这种磁头在读取数据时对信号变化非常敏感，从而使盘片的存储密度每英寸提高了数十倍。

1991 年，IBM 生产的 3.5 in 硬盘使用 MR 磁头，硬盘的容量首次达到 GB 数量级。

1999 年 9 月 7 日，Maxtor 生产出单碟容量高达 10.2 GB 的 ATA 硬盘。

2000 年 2 月 23 日，希捷发布转速 15 000 r/min 的 Cheetah X15 系列硬盘，平均寻道时间只需 3.9 ms。

2000 年 3 月，IBM 推出采用玻璃为盘片材料的硬盘。玻璃硬盘的平滑性、坚固性和稳定性高，但一款 Deskstar 120GXP 玻璃硬盘，由于半数产品出现大量坏道导致该产品被淘汰。

2003 年初，希捷推出了串行接口的硬盘酷鱼 7200.7PLUS，开创了原生串行 ATA 硬盘的历史。

2005 年，日立环储和希捷双双宣布采用磁盘垂直写入技术，该技术的原理是将平行于盘片的磁场方向改变为垂直方向（90°），更充分地利用了存储空间。

2007 年 1 月，日立环球储存科技公司宣布发售首只 1 Terabyte 硬盘。

2009 年 5 月，串行 ATA 国际组织（SATA-IO）发布 SATARevision3.0 规范，传输速率高达 6 Gbit/s，由于接口、数据线没有改动，能向下兼容 SATARevision2.6 规范。

2010 年 12 月，日立环球存储科技公司推出 3TB、2TB 和 1.5TB Deskstar 7K3000 等硬盘系列。

2）专业术语解释

（1）PATA（Parallel ATA）：并行 ATA 接口标准，即传统的 IDE 接口。

（2）SATA（Serial ATA）：串行 ATA 接口标准。2001 年由 Intel、APT、Dell、IBM、希捷、迈拓几大厂商组成的 Serial ATA 委员会正式确立 Serial ATA 1.0 规范，2002 年确立了 Serial ATA 2.0 规范。SATA 总线使用嵌入式时钟信号，具备很强的纠错能力，能对传输指令（不仅是数据）进行检查，发现错误立即自动予以矫正。所以，SATA 总线数据传输的可靠性高。

（3）S.M.A.R.T.（Self-Monitoring, Analysis and Reporting Technology, 自监测、分析及报告技术）：该技术由硬盘的监测电路和主机的监测软件共同构成，监测磁头、磁盘、控制电机、电路等的运行情况，并与历史记录以及预设的安全值进行分析、比较，当系统运行出现安全值范围以外的情况时，将自动向用户发出警告。更先进的监测技术能在提醒网络管理员注意的同时自动降低硬盘的运行速度，把重要数据文件转存到安全扇区，甚至把文件备份到其他硬盘或存储设备中。

DFT（Drive Fitness Test，驱动器健康检测）：IBM 公司为其 PC 硬盘开发的数据保护技术。DFT 技术通过使用 DFT 程序访问 IBM 硬盘里的 DFT 微代码对硬盘进行检测，能方便快捷地检测硬盘的运转状况。

加密技术：现代社会人们对隐私的保护要求越来越强烈，硬盘加密技术大大发展。最基本的保密方式是采用文字、图形、数字密码及其混合方式，随着科技的进步，生物识别技术应用到了硬盘加密技术中。

2．硬盘的分类

硬盘的种类很多，主要分类方式有两种：

（1）按外形尺寸分类：硬盘有 5.25 in、3.5 in、2.5 in 和 1.8 in 及 1.0 in 等多种产品。2.5 in 和 1.8 in 硬盘主要用于笔记本计算机以及部分袖珍精密仪器，台式机采用 3.5 in 硬盘；MicroDrive 微硬盘（简称 MD）1.0 in，IBM 公司开发，符合 CF II 标准，用于单反数码照相机。

（2）按接口分类：硬盘产品按接口分有 IDE、SATA、SCSI 和光纤通道 4 种。IDE、SATA 接口硬盘主要用于家用计算机，部分用于服务器；SCSI 接口的硬盘则主要应用于服务器；光纤通道的产品价格昂贵，主要用于高端服务器。

3．硬盘结构

一个硬盘由内部盘片、磁头、主轴、控制电机、磁头控制器、数据转换器、接口、数据缓存和外部电源接口、数据线接口、控制电路等组成。

1）内部结构

硬盘内部主要有磁盘盘片、主轴组件、磁头组件、磁头控制器等构件，如图 1-8-1 所示。

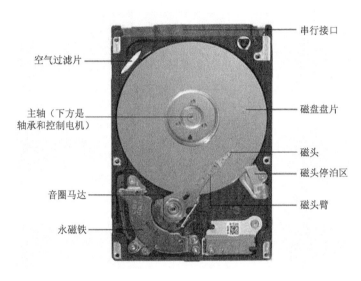

图 1-8-1　硬盘内部构成

磁盘盘片：磁盘盘片封装在硬盘的净化腔体内，它是硬盘存储数据的载体。现在硬盘盘片大多采用金属薄膜材料。盘片表面十分平整，涂了一层很薄、很均匀的磁性物质。

磁头：磁头能够修改盘片上磁性物质的状态。硬盘的每个磁面对应有一个磁头，磁头采用非接触式结构。磁头运动采取了空气动力学原理，加电后磁头运行时处于离盘面数据区 0.2～0.6 μm 高度的"飞行状态"，既不与盘面接触（与磁面直接接触即会造成磁面的磨损），又能很好地读取数据。

磁头控制器：一个硬盘的所有磁头被连在磁头控制器上，由磁头控制器负责各个磁头的运动，磁头可在盘片上做径向或轴向运动。盘片以每分钟数千转的速度高速旋转，磁头沿轴向相对于盘片表面移动，在盘片的指定位置进行数据的读/写操作。

2）外部结构

硬盘正面贴有标签，上面标注着该硬盘产品的型号、产地、出厂日期、产品序列号等信息。硬盘的外部有电源接口插座、主从设置跳线器和数据线接口插座以及控制电路板，如图 1-8-2 所示。

（1）电源接口：硬盘的电源接口插座用于与主机电源的连接，它为硬盘的正常工作提供电力保证。并行接口通过一根 40 针 80 芯的数据电缆与主板的 IDE 插座连接，STAT 串行接口插座通过一根 7 针数据连接器与主板的 STAT 插座连接，它们均为硬盘与系统进行数据交换的通道。

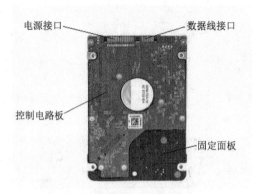

图 1-8-2 硬盘外部

（2）固定面板：硬盘的面板与底板结合在一起，组成了一个密封的腔体，以保证硬盘盘片和传动机构在里面平稳地高速旋转。面板上开有一个透气孔，作用是使硬盘内部的气压与外部大气气压始终保持一致。

（3）控制电路板：大多数的控制电路板采用贴片式焊接，其中包括主轴调速电路、磁头驱动与伺服定位电路、读/写电路、控制与接口电路等。电路板上有一块 ROM 芯片，里面固化的程序可以对硬盘进行初始化，执行加电和启动控制电机、加电初始寻道、定位以及故障检测等。电路板上还安装有高速数据缓存芯片。

4．主要技术指标

硬盘的标签上提供了以下几种主要技术指标：

1）容量

硬盘容量表示硬盘数据存储量的大小，是硬盘最主要的技术指标之一。硬盘容量计算如下：

$$硬盘容量=磁头数×柱面数×扇区数×512 B$$

若一硬盘面板上厂家标称为磁头数 16、柱面数 158 816，扇区数 63，则硬盘容量为：

$$16×158\ 816×63×512/1\ 000\ 000 = 81.96\ GB（1\ GB=1\ 000\ 000\ 000\ B）$$

标称容量为 80 GB。

该硬盘容量实为：

$$硬盘容量 = 16×158\ 816×63×512\ /1\ 073\ 741\ 824 = 76.335\ GB（1\ GB =1\ 073\ 741\ 824\ B）$$

2）硬盘转速

硬盘转速的单位为 r/min（转/分钟）。硬盘转速有 5 400r/min、7 200r/min 和 10 000r/min，市场上主流硬盘的转速为 7 200r/min。

3）平均访问时间（Average Access Time）

平均访问时间是指磁头从起始位置到达目标磁道位置，并且从目标磁道上找到要读/写的数据扇区所需的时间。平均访问时间为：

$$平均访问时间=平均寻道时间+平均等待时间$$

（1）平均寻道时间（Average Seek Time）是指硬盘的磁头移动到盘面指定磁道所需的时间，通常为 8～12 ms，SCSI 硬盘小于或等于 8 ms。

（2）平均等待时间，又称潜伏期，是指磁头已处于访问磁道，等待所访问的扇区旋转至磁头下方的时间。该时间为盘片旋转一周所需时间的一半，一般在 4 ms 以下。

4）数据传输速率（Data Transfer Rate）

数据传输速率是指硬盘读/写数据的速度，单位为兆字节每秒（MB/s）。硬盘的数据传输速率包括内部数据传输速率和外部数据传输速率两方面。

（1）内部数据传输速率，又称持续数据传输速率，是指硬盘从盘片上读取到数据，然后存储到缓存中的速率，这是真正表现硬盘读/写速度高低的传输速率。

（2）外部数据传输速率，又称突发数据传输或接口数据传输速率，指硬盘缓存和系统之间的数据传输速率，是计算机通过硬盘接口从缓存中读取到数据，再交给相应控制器的速率。

5．硬盘接口标准

硬盘主要有 EIDE、SCSI、光纤通道和 SATA 4 种接口标准。

（1）增强性 IDE（Enhanced IDE，EIDE）接口。这种接口硬盘的突发数据传输速率理论上可达 133 MB/s（见图 1-8-3）。

（2）小型计算机系统接口（Small Computer System Interface，SCSI）。SCSI 接口硬盘最高转速达 10 000 r/min，数据传输速率 160 MB/s，可连接 7～15 台设备。SCSI 硬盘接口有 50 针、68 针、80 针 3 种，微型计算机使用这类接口的硬盘，需要安装 SCSI 接口卡。

图 1-8-3　EIDE 接口

（3）光纤通道（Fibre Channel）接口。光纤通道接口硬盘为提高多硬盘存储系统的速度和灵活性而开发，它大大提高了多硬盘系统的通信速度。光纤通道接口具有热插拔性、高带宽、远程连接、连接设备数量多等特性。

（4）串行接口（Serial ATA，SATA）。SATA 接口的硬盘是当前市场上的主流产品。SATA 采用 7 针数据连接器，这项接口技术采用 8/10 位编码方法，把 8 位数据字节编码转换成 10 位字符进行传输，大大提高了总体传输性能，如图 1-8-4 所示。

图 1-8-4　S-ATA 接口

6．硬盘产品列举

1）硬盘类型

（1）普通硬盘。目前，一般台式机均配备普通 3.5 in 硬盘。

（2）固态硬盘。由于价格的关系，较多用在高档笔记本电脑中。

2）接口技术

硬盘的接口标准直接影响到硬盘的数据传输速率。市场上的硬盘主要有 IDE 接口和 SATA 接口两种。

（1）普通硬盘采用 IDE 接口。已淘汰。

（2）高速高质的硬盘采用 SATA 接口。

3）希捷硬盘标识

希捷（Seagate, ST）硬盘的标识特征为：ST + 硬盘尺寸 + 容量 + 主标识 + 副标识 + 接口类型。如一硬盘的编号为 ST3500418AS，如图 1-8-5 所示。

图 1-8-5　希捷串行硬盘

（1）ST 代表 Seagate。

（2）3 代表 3.5 英寸，厚度为 25mm（1：代表 3.5 英寸、厚度 41mm；4：代表 5.25 英寸、厚度 82 mm；5：代表 3.5 英寸、厚度 19 mm；9：代表 2.5 英寸）。

（3）500 代表该硬盘的容量为 500 GB（右上角还直接标注了该盘的容量为 500 GB）；4 代表该硬盘的盘片数是 4；1 代表硬盘的性能；8 代表第 8 代；AS 代表 Serial ATA150，即串行 ATA 1.0 硬盘接口。

4）IBM 硬盘标识

新的 IBM 硬盘标识的辨认比较方便。在标识区的右边，如图 1-8-6 所示。

（1）第一行直接标注了硬盘的容量大小 1 TB。

（2）第二行标注了硬盘的转速为 7 200 r/min。

（3）第三行标注了 SATA 6.0Gb，表示该硬盘的接口为串口 SATA6.0 标准。

图 1-8-6　IBM 串行 1 TB 硬盘

5）西部数据硬盘识别

西部数据（Western Digital, WD）的硬盘编号通常由主编号和附加编号构成。硬盘的标识特征为 "WD+硬盘容量+转速及缓存+接口类型——OEM 客户标志+单碟容量+版本代码"。一硬盘的编号为 WD Caviar WD800BB，则标识代表如下：

（1）WD Caviar 代表西部数据的鱼子酱系列硬盘。

（2）WD800 代表此硬盘为西部数据，容量是 80.0 GB。

（3）第一个 B 代表转速 7 200 转（A 则代表转速为 5 400 转）；第二个 B 代表 "新鱼子酱系列" 硬盘（A 则代表旧的鱼子酱系列硬盘）。

8.1.2　硬盘存储原理

每个最小的磁单元（磁粒子）均具有一个 N 极和一个 S 极，磁盘就是利用特定的磁粒子的极性来记录数据的。磁头在读取数据时，将磁粒子的不同极性转换成不同的电脉冲信号，通过数据转换器将这些原始信号转换为微机可以辨别、使用的数据。写操作与读操作的过程相反。

为了保证数据信息的有效存储，硬盘的磁面被划分为磁道、簇和扇区，以扇区为单元进行存储。并且操作系统还要对硬盘进行分区设置，经分区设置以一定的文件格式存储数据信息。

1．存储单元

（1）面：一张盘片有 0 面和 1 面两个面。一个硬盘由多张盘片重叠而成，有 0 面、1 面、2 面、……、$2 \times N - 1$ 面等多个面。

（2）磁道（Track）：磁盘的每个面被操作系统理论上分成若干个同心圆，这些同心圆的轨迹称为磁道，数据信息就存储在这些磁道上。磁道与磁道之间具有一定的间隔。

（3）扇区（Sector）：磁盘上的物理存储单元。一条磁道的存储容量很大，为了保证存储效率和便于存储管理，磁道被划分为扇区，每个扇区的容量为 512 B，数据以扇区为存储单元。扇区在磁盘低级格式化时建立。

（4）簇（Cluster）：文件系统的基本存储单位。磁盘空间以簇为存储单位分配给文件，簇的大小随磁盘格式而定。硬盘根据容量和文件系统可划分为 8 个扇区一簇（4 096 B，4 KB），也有 16 或 32 个扇区为一簇等，如图 1-8-7 所示。

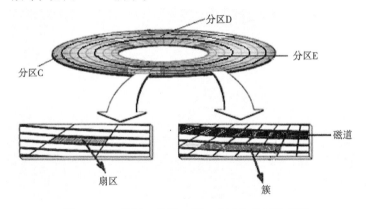

图 1-8-7　分区、磁道、簇、扇区为单元的存储

（5）柱面（Cylinder）：一个硬盘由多张盘片重叠而成，每张盘片上被划分为数量相等的磁道。磁盘最外边一条磁道的编号为 0，整个硬盘每张盘片相同编号的磁道形成一个同心的圆柱体，称为柱面。由于磁头的平均寻道时间为毫秒级，很费时，所以硬盘存储采用柱面优先方式。

老式硬盘采用 CHS（Cylinder/Head/Sector）结构体系，硬盘盘片的每一条磁道划分为相同的扇区数，以磁头数（Heads）、柱面数（Cylinders）、扇区数（Sectors）的 3D 参数（Disk Geometry）以及相应的 3D 寻址方式存储，如图 1-8-8 所示。

新式硬盘采用等密度结构体系（大大增加了单片盘片的存储容量），磁道上每个扇区的长度相等，外圈磁道的扇区数远多于内圈磁道，如图 1-8-9 所示。

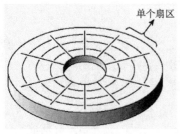
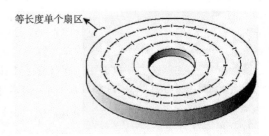

图 1-8-8　磁道、扇区　　　　　　　　　图 1-8-9　新式硬盘的磁道、扇区

等密度结构的新式硬盘不具有老式硬盘所具有的 3D 参数，寻址方式采用以扇区为单位的线性寻址。新式硬盘为了与 3D 寻址的软件相兼容，在硬盘控制器内安装一个地址翻译器，将 3D 参数翻译成新式硬盘的线性参数以帮助数据的读取。随着磁盘存储密度的增加、功能和速度的提高，存储机构的进一步复杂，促使人们又在磁盘内划分出一个较大容量的"系统保留区"，用于存储硬盘自身的各种信息、参数和控制程序以保障数据存储的安全。

2．文件系统

文件系统即分区格式，又称磁盘格式。文件系统是操作系统的重要组成部分，是操作系统与驱动器之间的一个接口。操作系统从磁盘中读取文件时，需要相应文件系统（FAT16、FAT32、NTFS）的支持才能打开。

1）FAT12 文件系统

FAT12 为 12 位文件系统，软盘中使用这种文件系统。已淘汰。

2）FAT16 文件系统

FAT16 为 16 位文件系统，于 1982 年应用于 MS-DOS 中，能够管理的磁盘容量最大为 2 GB，已淘汰。FAT16 使用 8.3 命名规则（文件名最多为 8 个字符，扩展名为 3 个字符）。FAT16 文件系统最多可以存储 65 536 个簇号登录项。FAT16 文件系统的缺点是磁盘空间的利用率低，管理的磁盘容量少。FAT 文件系统无法支持系统的高级容错特性，不具备内部的安全特性。

支持 FAT16 的操作系统有：DOS、Windows 3.x、Windows 95、Windows 98、Windows NT、Windows 2000/Me、Windows XP、Linux 和 OS/2 等。

3）FAT32 文件系统

FAT32 为 32 位文件系统，能管理的磁盘容量最大为 2 000 GB。最多可以存储 131 072 个簇号登录项。FAT32 的文件系统兼容性好，磁盘的利用率高，支持长文件名。

支持 FAT32 的操作系统有：Windows 98、Windows XP、Windows 7 等。

4）NTFS 文件系统

NTFS（New Technology File System）为 32 位文件系统，是 Windows NT 的标准文件系统。NTFS 有 3 个版本：Windows NT 3.51 和 Windows NT 4.0 的 4.0 版，Windows 2000 的 5.0 版，Windows XP 的 5.1 版。NTFS 与 FAT 文件系统的主要区别是 NTFS 支持元数据，它利用先进的数据结构向用户提供了更好的性能、更强的稳定性和更高磁盘的利用率。NTFS 具有网络和磁盘定额、文件加密等安全管理特性，具有文件级修复和热修复功能，分区格式稳定，不易产生文件碎片。NTFS 严格限制了用户的权限，每个用户只能按照系统赋予的权限进行操作，任何试图超越权限的操作都将被禁止；NTFS 还提供容错结构日志，将用户的操作过程记录下来。NTFS 文件系统在分区空间大于 2 GB 时，无论硬盘容量多大，NTFS 文件系统设定的簇大小一律保持为 4 KB，所以 NTFS 文件系统的硬盘空间利用率高。

支持的操作系统有：Windows NT、Windows 2000、Windows XP/2003、Windows 7/10 等。

5）HPFS

HPFS 为 32 位文件系统，HPFS 很多方面与 Windows NT 的 NTFS 格式相似。

支持的操作系统有 OS/2。

6）Ext2

Ext2 为 Linux 使用的文件系统，32 位文件分配表，能够建立 Linux native 主分区和 Linux swap 交换文件分区，具有最快的速度和最小的 CPU 占用率。新一代 Linux 文件系统有 SGI 公司的 XFS、ReiserFS、Ext3 等。Ext2 的兼容性差，安全性一般，稳定性较好。

支持的操作系统有 Linux 系统。

FAT32 文件系统和 NTFS 文件系统分区及逻辑盘大小与簇大小的选择如表 1-8-1 所示。

表 1-8-1　系统分区与簇大小的选择

分区大小	<2 GB	<8 GB	8～16 GB	16～32 GB
FAT32 文件格式	—	8 个扇区（4 KB）	16 个扇区（8 KB）	32 个扇区（16 KB）
NTFS 文件格式	1 个扇区（0.5 KB）	8 个扇区（4 KB）	8 个扇区（4 KB）	8 个扇区（4 KB）

根据需要，参考此表选择分区格式：

（1）FAT32 文件系统：兼容性最好，用于文件的档案存储最为有利。

（2）NTFS 文件系统：安全性方面，NTFS 文件系统较 FAT32 文件系统强很多。

提示：微软专家建议"除了多引导配置必须从非 NTFS 文件系统启动之外，建议用户采用 NTFS 格式化所有的分区。"

3．文件分配表

FAT（File Allocation Table，文件分配表）管理磁盘的存储分配。磁盘空间以簇为单位分配给所有的文件，每个簇在文件分配表中建立一个登记项，以数字方式表示该簇的当前状态：登记项为"0"表示该簇当前为空，允许写入新数据；登记项为任意数值则表示该簇正被使用，当前不允许再写入新数据。FAT 对文件信息做如下标注：

（1）已分配的（已被数据占用）簇。

（2）未分配的（自由的）簇。

（3）标记为坏的扇区、坏的簇（不能使用）。

4．文件的链式存储

簇的大小直接影响硬盘分区表的占用。同等硬盘容量的情况下，一个簇包含的扇区越多，对分区表的占用就越少，磁盘的读/写速度越快；簇越小，包含的扇区越少，对分区表的占用越多，磁盘读/写速度越慢。例如，FAT16 比 FAT32 对分区表的占用少，所以 FAT16 比 FAT32 的磁盘读/写速度快。因此，簇的大小的选择需要综合考虑，不能一味地选择大簇，也不能一味地选择小簇。总体来说，只要操作系统允许，选择小簇是非常有利的。每个磁盘容量可以选用簇的大小不止一种，Windows 系统能够自动设定簇的大小。

　　文件在磁盘中采用以簇为单位的链式存储。每个簇在 FAT 中有一个簇号登录项。每个文件在 FAT 中记录有该文件存储的起始簇号，找到文件存储的起始簇号，顺着存储链可以依次找到文件存储的下一个簇号，直达文件的结尾。文件在最后一个簇中的 FAT 登录项中设有一个专用代号表示文件的结尾。所以，文件的链式存储，不强求簇号在磁面物理上必须相连。人们在磁盘上需要频繁地进行文件的创建、删除、增长、缩短等操作，链式存储为这些操作提供了方便和可能。

　　采用簇及链式的存储方式在硬盘上进行读/写操作，磁头存储采用柱面优先方式存储。即，数据一个柱面一个柱面地写入，一个柱面写满后再移动磁头到另一柱面（磁道）。以此能减少费时、费事的寻道操作，可大大提高读/写速度。读操作同样如此。

　　文件以簇为单位的存取，当一个文件存储后，从文件末尾到该文件簇末尾的空间称为簇悬置空间，该空间不能移作它用，下一个文件必须从下一个簇的起始地址开始存储。这就是说，即使是一个字节大小的文件也必须占据一个簇的存储空间，即文件系统采用 4 KB 为一簇，这一个字节的文件就占据 4 KB 的存储空间；若文件系统采用 16 KB 为一簇，该文件就得占据 16 KB 的存储空间。所以，簇的容量越大，积累的簇悬置空间越大，可能存在的磁盘浪费也越大。如，一个簇大小为 64 KB 的分区中，某文件为 65 KB，需要 2 个簇保存，存储空间的浪费将高达 63 KB；若簇大小为 4 KB 的分区，存储该文件需要 17 个簇，可能存在的存储空间浪费是 3 KB。所以，簇越小，存储空间的浪费越少，硬盘空间的利用率越高。

8.1.3　磁盘分区

　　每个操作系统对文件信息的管理都有其自身的规范和要求，内容包括文件命名、存储和组织的总体结构。这些信息在磁盘分区设置时被附加到分区格式（文件系统）中。

1. 分区

　　PC 的硬盘沿用 IBM 工程师为第一台 PC 硬盘设计的分区原理，一个硬盘最多允许分为 4 个主分区（包括一个扩展分区），扩展分区内可以继续分为若干个逻辑盘（逻辑分区）。主分区采用同一盘符 C:，扩展分区内的逻辑盘最多可分为 23 个（采用英文字母 D、E……Z）。分区以柱面划分设置，分区与分区之间不跨柱面。

　　设一个硬盘被分为 2 个主分区和一个扩展分区，示意图如图 1-8-10 所示。

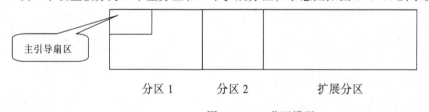

主引导扇区

分区 1　　　分区 2　　　　扩展分区

图 1-8-10　分区设置

　　（1）主分区（Primary）：每个主分区的第一扇区是相应操作系统的引导扇区，存储有系统启动的引导记录，主分区能够被激活并启动引导操作系统。硬盘上凡是被设置为主分区的驱动器，一般为操作系统所在分区，驱动器名均为 C。

　　（2）扩展分区（Extended）：扩展分区本身不能直接用来存放数据，需要在扩展分区内设置逻辑盘才能用于数据的存储。扩展分区内允许设立多个逻辑盘。

（3）逻辑盘（Logical）：即逻辑驱动器，是从扩展分区中进一步分割出来的存储块，用以存储程序文件和数据信息。逻辑驱动器可为各主分区共享，当前启动的操作系统与逻辑驱动器中的文件系统兼容，该操作系统就能访问这个逻辑盘。

2．分区表

分区表（Disk Partition Table，DPT）存在于主引导记录中。没有创建分区的硬盘，其分区表是空的。分区表中记录的信息内容有：

（1）分区后硬盘的 H（磁头）、C（磁柱面）、S（扇区）的数量。

（2）磁柱面的起始位、结束位以及磁盘的容量。

（3）引导扇区（Boot Sector）。

（4）活动分区的设置。

（5）FAT（文件分配表）。

（6）根目录。

（7）数据存储区。

3．主引导扇区

（1）0 柱面 0 磁道 1 扇区：即主引导扇区，位于硬盘最外圈（0 柱面）、第一盘面（0 磁道）、第 1 扇区中，占用 512 B。主引导扇区在硬盘分区中不被划为任何一个分区。

（2）主引导扇区：主引导扇区用于存放主引导记录。

（3）主引导记录：主引导记录（Main Boot Record，MBR）由主引导程序和分区表组成。MBR 的内容在硬盘分区时由分区软件（如 FDISK）写入，不属于任何一个操作系统。

（4）主引导程序：主引导程序的作用是完成计算机启动时硬盘的自举。

8.2　光　　盘

光盘和光盘驱动器是微机重要的存取设备。光盘驱动器和光盘盘片分为只读型、读写型和可擦写型等。光盘驱动器主要包括 CD-ROM、DVD-ROM 和刻录机等。从输入/输出的角度，CD-ROM 为输入设备，刻录机则为输出设备。

1．CD-ROM 驱动器

只读光盘存储器（Compact Disc-read Only Memory，CD-ROM）是微机的基本配置之一。CD-ROM 具有容量大、读取速度快、兼容性强、盘片成本低等优点，是软件信息的主要载体。

1）光驱结构

CD-ROM 驱动器的内部结构由底板、机芯、启动机构、控制系统等组成。其中 CD-ROM 驱动器的机芯由以下几部分构成：

（1）激光头组件：包括光电管、聚焦透镜等，配合运行齿轮机构和导轨等机械组成部分，在通电状态下根据系统信号确定、读取光盘数据并通过数据带将数据传输到系统。

（2）主轴电机：光盘运行的驱动力，同时在光盘高速运行和数据读取时提供快速的数据定位功能。

（3）光盘托架：光盘的承载体。

（4）启动机构：控制光盘托架的进出和主轴电机的启动，加电运行时启动机构将使包括主轴电机和激光头组件在内的伺服机构都处于半加载状态。

光驱面板如图 1-8-11 所示。

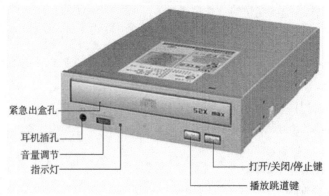

图 1-8-11　光驱面板

2）光驱工作流程

（1）无光盘状态光驱加电启动过程。激光头组件启动，光驱面板指示灯闪亮，激光头组件移动到主轴电机附近，由内向外顺着导轨步进移动，最后回到主轴电机附近，激光头的聚焦透镜向上移动 3 次搜索光盘，同时主轴电机也顺时针启动 3 次。最后激光头组件复位，主轴电机停止运转，面板指示灯熄灭。

（2）光驱中放入光盘加电启动过程。激光头聚焦透镜重复搜索光盘的动作，找到光盘后主轴电机加速旋转，准备读取光盘（此时面板指示灯不停地闪动），电机带动激光头组件移动到光盘数据处，聚焦透镜将数据反射到接收光电管，再由数据带传送到系统，读取光盘中的数据信息。

（3）停止读取光盘。激光头组件和电机仍处于加载状态中，面板指示灯先熄灭。

高速光驱在设计上可以使主轴电机和激光头组件在停止读取 30 s 或几分钟后停止工作。在接到新的指令后，主轴电机和激光头组件立即恢复读取数据的动作。这样的运行方式能有效地节能，延长光驱的使用寿命。

3）主要性能指标

（1）传输速率：当前 CD-ROM 的转速一般为 52 速，即 7 800 r/min。

（2）缓存容量：光驱的缓存容量一般在 512 KB 以下，缓存越大，数据读取的性能越好。

（3）平均寻道时间：平均寻道时间指从激光头定位到开始读/写盘片所需要的时间，单位是毫秒（ms）。它也是衡量光驱读/写速度的一个重要指标，平均寻道时间越短越好。

（4）CPU 占用率：指维护一定转速和数据传输速率需要占用的 CPU 时间。支持 DMA33 数据接口的光驱，CPU 的占用时间少。

（5）容错：光驱的容错性能是一个重要指标。采用 PCAV（Partial Constant Angular Velocity）技术的光驱，在激光头读光盘内环数据时，旋转速度保持不变，数据传输速率增加；在读取外环数据时，提升旋转速度，使数据传输速率下降。此外，还采用 AIEC 人工智能纠错方法和调大激光头发射功率的方法加强读盘能力。

（6）CD 播放功能：有些光驱面板上具有播放 CD 音乐的开关，这种光驱不需要应用软件支持即可直接播放音乐。

2. DVD-ROM

数字通用光盘（Digital Versatile Disc，DVD）是比 CD 存储容量更大、存储性能更高的光电存储设备。DVD-ROM 如图 1-8-12 所示。

1）DVD 的存储原理

（1）技术原理：DVD-ROM 技术与 CD-ROM 技术相似，但存储容量远比 CD-ROM 大。DVD 与 CD（VCD，CD-ROM）盘片的直径均为 80 mm 或 120 mm，厚度为 1.2 mm。CD 与 DVD 盘片有着本质的差别，单层 DVD 盘片的厚度为 0.6 mm。DVD 盘片按单/双面以及单/双层结构的各种组合，有单面单层、单面双层、双面单层和双面双层 4 种物理结构。CD 的存储容量为 650 MB，单面 DVD 的存储容量为 4.7 GB，双面双层 DVD-ROM 的存储容量则高达 17 GB。

DVD-ROM 和 CD-ROM 盘片的存储面上的存储轨道为螺旋式轨道（磁盘的存储磁道为同心圆式）。螺旋式轨道上 CD 的单位凹坑长度为 0.834 μm，道间距 1.6 μm，采用 780～790 nm 波长的红外激光器读取数据；DVD 的单位凹坑长度为 0.4 μm，道间距 0.74 μm，采用 635～650 nm 波长的红外激光器读取数据。图 1-8-13 所示为 DVD 与 CD 凹坑的比较。

图 1-8-12　DVD-ROM

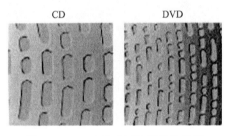

图 1-8-13　DVD 与 CD 凹坑的比较

（2）存储原理：光盘中采用一种在高温下会发生分子排列变化的有机染料来存储数据信息。刻录机激光头按照数据信息（二进制）的不同，将在存储轨道上蚀刻出相应的凹坑。光驱读取光盘时，存储轨道上的存储单元是否为凹坑，将决定射向存储单元的激光束是否具有反射光，有反射光为数据"0"，没有则为"1"。

2）性能指标

（1）传输速率：DVD 驱动器的单速传输速率是 1 350 KB。

（2）读盘能力：DVD 光驱激光头的数值孔径（NA）为 0.6 μm，反射激光的能力强，DVD 光驱的激光波长短，单位时间内识别的坑点多，DVD 光驱的激光头经特别设计，能够兼容 CD，CD 光驱不能读取 DVD。

（3）纠错能力：DVD 采用特殊的纠错方式，纠错能力比 CD 强数十倍。

（4）缓存容量：DVD 的缓存容量一般在 2 MB 以下，缓存越大性能越好。

3. 刻录机和 CD-RW

刻录机和 CD-RW（CD ReWritable，即在同一张可擦/写光盘上能反复进行数据擦、写操作的光盘驱动器）从输入/输出的角度讲，刻录机为输出设备；而 CD-RW 与硬盘相似，既为输入设备也为输出设备。

1）分类

根据放置方式的不同,分为内置式和外置式两类。图 1-8-14 所示为内置式 CD-RW,图 1-8-15 所示为外置式 CD-RW。

图 1-8-14   内置式 CD-RW

图 1-8-15   外置式 CD-RW

2）工作原理

光存储盘片的存储面上有一层薄膜,大功率的激光束照射在这层薄膜上,按要求将在这层薄膜的存储面上形成平面(Land)和凹坑(Pit)。数据读取时数据转化装置能将这些平面和凹坑转化为数据信息 1 和 0。CD-R 盘片薄膜上的物理变化是一次性的,因此 CD-R 盘片只能写入一次,不能重复写入。

CD-RW 盘片上的薄膜材质为银、硒或碲的结晶体,这种薄膜能够呈现出结晶和非结晶两种状态,在激光束的照射下,可以在两种状态之间形成转换,以此实现 CD-RW 盘片信息的可重复写入。

3）主要性能指标

CD-RW 的主要性能指标有以下几个方面:

（1）读写速度:光盘刻录机也有倍速之分。CD-RW 刻录机有 3 个速度指标,分别是刻录速度、复写速度和读取速度。刻录速度和复写速度两项指标是 CD-RW 刻录机的主要性能指标。

（2）缓存:缓存的大小是衡量光盘刻录机性能的重要技术指标之一。刻录时数据必须先写入缓存,再从缓存中调用数据进行刻录;一边刻录当前的数据,一边将后续的数据写入缓存中,保持写入数据的良好组织和连续性。刻录时如果后续数据没有及时写入缓冲区,若传输中断就会导致刻录失败。所以,缓冲区的容量越大,刻录的成功率越高。

（3）平均搜寻时间:140 ms。

（4）读盘方式:区域恒定线速度（zone-CLV）是高速刻录机的一种技术。采用 zone-CLV 技术的刻录机刻录时,将一张刻录盘由内到外分成数个区域,以区域为单位逐步提升速度。同一个区域内保持刻录速度恒定,在保证刻录机稳定的前提下速度提升到更高的阶段,可避免电机转速过高所带来的不稳定因素。

（5）接口类型:当前刻录机与主机相连的接口主要有 IDE、SCSI、USB 和 IEEE 1394 等。SCSI 接口占用的系统资源很少,刻录时相对稳定,不足之处是必须安装 SCSI 卡。IEEE 1394 接口的刻录机产品价格较贵。

（6）增量包刻写技术:该技术允许在同一条轨道中多次追加刻写数据。所以,增量包刻写技术提高了 CD-RW 盘片的使用效率和刻写的稳定性。

4）DVD 刻录机

随着发展，人们越来越倾向于选择能兼容多种碟片，集读取、刻录等功能于一身的 DVD 刻录机，DVD 刻录机已逐步成为光存储市场的主流。

（1）普通 DVD：即 DVD-5 盘片（Single Side Single Layer，SS-SL，单面单层)，容量为 4.7 GB。DVD-5 为 5 层（印刷层、保护胶层、金属全反射层、金属半反射层、数据层）。

（2）双层 DVD：支持双层刻录的 DVD 盘片为 DVD-9（D9），即（Single Side Double Layer，SS-DL，单面双层)，最大容量可达 8.5 GB。DVD-9 由多个层面组成，两个记忆层，L0 是第一层，为半反射层：L1 是第二层，为全反射层，如图 1-8-16 所示。

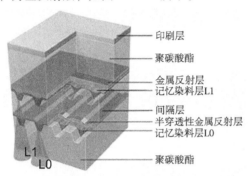

印刷层
聚碳酸酯
金属反射层
记忆染料层L1
间隔层
半穿透性金属反射层
记忆染料层L0
聚碳酸酯

图 1-8-16　双层 DVD 刻录盘构造示意图

DVD-9 的两个记忆层，每个记忆层的容量都是 4.7 GB，工作时能同时对 L0、L1 两个记忆层进行读/写。单面双层刻录技术使得 DVD 盘片的存储量由 4.7 GB 扩大到 8.5 GB。

4．产品列举

1）华硕产品

部分网评指出：华硕产品的读盘能力较强，稳定性较好。但是，全速读盘时噪声较大。一款华硕 DRW 如图 1-8-17 所示。

图 1-8-17　华硕 DRW-24D5MT

华硕产品内建有 FlextraLink 防坏盘技术、FlextraSpeed 自动调速技术和 DDSSII 防震动、降噪声技术。

（1）FlextraLink 技术：该技术能防止刻录时发生 Buffer Underrun 错误。在光盘刻录过程中，FlextraLink 技术能不停地监控数据缓冲区，防止数据欠载，可以最大限度地减少光盘报废的概率。

（2）FlextraSpeed 技术：该技术在光盘刻录时提高了数据读取、刻录、擦写的精确性和可靠性。FlextraSpeed 技术监控被刻录光盘的质量，随时调节到最合适的写入速度，以保证获得最好的刻录质量。

（3）DDSS 技术：DDSS 技术可以有效地减小由于主轴电机高速旋转而产生的振动，避免机箱与光驱产生的谐振；DDSSII 能在水平和垂直方向稳定读取头，使光头在跟踪和聚焦时更准确。

（4）降噪声技术：采用"AFFM II 空气流场导正技术"对光驱高速旋转时内部产生的空气紊流进行有效的控制，从而降低光驱运转时的噪声。

2）明基产品

部分网评指出：明基（BenQ）的产品速度较快，稳定性较好，读盘能力较强，静音也较好。一款明基产品 DW24AS 如图 1-8-18 所示。

BenQ 采用了以下技术：

（1）极速刻录：支持最大 24X DVD±R 刻录、12X DVD±R DL 刻录、12X DVD-RAM 刻录、8X DVD±RW 复写，刻录一张标准 DVD 用时不到 4 min。

（2）采用先进的 3D 磁浮光头结构，具磁浮感应、高速移动、3D 定位等功能，确保高速刻录 DVD 时具有更好的稳定性和精准性。

（3）采用最新的万转步进电机，最高转速可达 13 800 r/min，为实现高速刻录提供强大动力支撑。

（4）采用 BenQ 独有 Solid-burn（萨利刀）防刻飞技术，透过内置的智能芯片自动侦测盘片特性，并据此模拟出最佳化刻录设定，从而避免因光盘质量问题导致刻录失败。

3）LG 产品

部分网评指出：LG 产品的读盘能力不太好，但稳定性较好。一款外置式 LG 刻录机如图 1-8-19 所示。

LG 产品采用了以下新技术：

（1）Drag!Burn 智能设计：无须安装任何刻录软件即可对任意媒体形式进行刻录。

（2）Jamless play 人性化智能设计：当播放受损的 DVD 电影盘片或盘片有刮痕、污渍、污损或指纹时，能够智能性地跳过，使电影的播放保持流畅。

图 1-8-18　明基 DW24AS

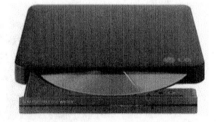
图 1-8-19　LG GB50NB40

（3）Silent play（静界）技术：能够自动智能地识别光盘的类型，播放 DVD 电影时自动启用 Silent play（静界）播放模式，能有效减少产品运行中由于盘片不平衡而引起的震动和噪声。

（4）任意加密功能：通过密码对个人机密数据进行保密或隐藏功能设置。

8.3　闪　存　盘

闪存盘是一种采用 USB 接口的无须物理驱动器的微型高容量移动存储产品，它采用的存储介质为闪存（Flash Memory）。闪存盘不需要额外的驱动器，将驱动器与存储介质合二为一，连接上计算机的 USB 接口即可独立地存储读/写数据。

1. 闪存盘

1）闪存盘的特点

（1）无须驱动器，无须外接电源。

（2）容量大。市场上闪存盘的容量有 32 GB、64 GB、128 GB、256 GB、512 GB、1 TB 等。

（3）体积轻巧。仅大拇指般大小，质量仅 20 g 左右。

（4）采用 USB 接口，使用简便，兼容性好，即插即用，可带电插拔。

（5）存取速度快，约为软盘速度的 15～30 倍。

（6）可靠性好，可反复擦写 100 万次，数据至少可保存 10 年。

（7）抗震、防潮、耐高温、耐低湿，携带方便。

（8）带写保护功能，可以防止文件被意外抹掉或受病毒损坏。

（9）无须安装驱动程序。

2）闪存盘类型

众多厂商推出了不同容量、不同用途、不同型号的闪存盘产品。代表性的产品有加密型、无驱动型、启动型等。常见的闪存盘如图 1-8-20 所示。

图 1-8-20　闪存盘产品

（1）加密型：加密型闪存盘支持软件加密和数据加密（软件加密+硬件加密）的加密方式。采用加密锁时，用户可以设置密码，密码存储在盘内。使用时，需要输入密码予以核对，密码不对，无法打开使用，所以，即使盘丢失或被窃取，数据信息也不会泄露。

数据加密是指存储在盘内的数据内容本身经过特定的加密算法加密后存储，读取盘内的数据需经过解密算法解密。这样，企图非法窃取盘内数据的人即使通过特殊的手段绕过盘锁（如取出盘内的 Flash Memory 芯片），也无法读取盘内数据的内容，真正做到了确保数据的存储安全。

（2）无驱动型：无驱动型闪存盘在 Windows /Mac OS X/Linux 2.4.x 等操作系统下不需要安装任何驱动程序即可正常使用，非常方便，真正是即插即用。

（3）启动型：启动型闪存盘能使闪存盘作为启动盘使用。当前大多数新出品的主板已经配备支持闪存盘启动的功能。启动型 USB 闪存盘支持 USB_HDD 和 USB_FDD 两种启动方式。

3）闪存盘的结构

（1）内部结构：闪存盘内部主要有 USB 接口控制芯片、晶振芯片、Flash 存储芯片等构件。

USB 接口控制芯片（IC 控制芯片）：闪存盘的读/写速度、功能（启动、加密）由 USB 接口控制芯片决定，它相当于整个闪存的神经中枢。通常使用的 IC 控制芯片有 3S、PEOLIFIC、CYPRESS、OTI、Ali 等。市场上产品的封装形式一般有 SOP（Small Outline Package）封装技术和芯片覆膜技术（Bonding）两种。芯片覆膜技术是早期的一种封装技术，常用于计算器、电子游戏机、卡式磁带上，方法是将 IC 芯片焊接在印制电路板（PCB）上，再浇注一种有机物质于芯片上。SOP 封装技术是目前主流的封装方式，由机器在 PCB 板上焊接，技术要求比较高。高频率的 IC 控制芯片多数采用 SOP 封装技术。

晶振芯片：提供基准时钟频率，类似主板上提供外频的晶振芯片。

Flash 存储芯片：即闪存芯片。Flash 存储芯片加上 USB 接口即闪存盘。

（2）外部结构：闪存盘的外壳一般由铝镁合金构成，坚固、散热良好。前部为 USB 接口的保护盖，后部底拖上有可以拨动的写保护开关和状态指示灯。取下保护盖可看到标准的 USB 接口，如图 1-8-21 所示。

图 1-8-21　USB 接口

2．存储卡

存储卡主要用于手机、数码照相机、便携式计算机和其他数码产品，为卡片形状，故称为"存储卡"，又称为"数码存储卡""数字存储卡""储存卡"等，具有体积小巧、携带方便、使用简单的优点，大多数存储卡具有良好的兼容性，便于在不同的数码产品之间交换数据。

存储卡有 CF 卡（Compact Flash）系列、SD 卡（Secure Digital，意为安全卡）系列、MMC 卡（MultiMedia Card）系列、记忆棒（Memory Stick）系列，如图 1-8-22 所示。

图 1-8-22　各种存储卡

3．固态硬盘

固态硬盘（Solid State Disk，SSD）由控制单元加存储单元（Flash 芯片）组成，即采用固态电子存储芯片阵列制成的硬盘。

1）固态硬盘的结构

固态硬盘的产品外形和尺寸与普通硬盘一样，有 3.5 in、2.5 in、1.8 in 等多种类型。固态硬盘如图 1-8-23 所示。

固态硬盘的基本结构为 NAND 闪存+控制芯片。固态硬盘的功能、使用方法和接口规范与普通硬盘完全相同。

2）固态硬盘的特点

固态硬盘具有稳定、轻薄、存取速度快、发热量低、功耗低等优点，且固态硬盘的抗震性极佳，适应的工作温度很宽，已被广泛应用于军事、车载、工控、视频监控、网络监控、网络终端、电力、医疗、航空、导航设备等领域。

图 1-8-23 固态硬盘

固态硬盘具有以下特点：

（1）数据存取速度快。不同品牌型号的固态硬盘的数据读取速度不同，一般是机械硬盘读写速度的 2 倍，读取速度在 450 Mbit/s 以上，写入速度在 400 Mbit/s 以上。据测试：安装 SSD 固态硬盘的笔记本式计算机，从按下电源到出现系统桌面一共只需 6～8 s。

（2）防震抗摔。固态硬盘内部没有旋转类机械结构，没有磁头，防震抗摔能力极好。

（3）工作时没有噪声。闪存芯片的发热量小、散热又快，固态硬盘不需要机械电机和风扇。所以，固态硬盘工作时的噪声值为 0 dB。

（4）重量轻。

（5）功耗低。待机/运行功率为 0.4/1.0 W。

（6）数据可恢复性差。固态硬盘一旦硬件发生损坏，数据几乎不可恢复。这是固态硬盘最大的弱点。

（7）成本价格相对较高。虽然固态硬盘的价格已大大降低，但相对价格还是比机械硬盘高。

（8）固态硬盘目前还有一个缺点是写入寿命短，不足 10 万次。这是影响它成为主流存储设备的主要原因之一。

3）固态硬盘的分类

目前，固态硬盘按构成的介质分类，主要分为两类：

（1）Flash。以 Flash 为存储介质的固态硬盘，主要应用于笔记本硬盘、存储卡、U 盘等。

（2）NAND。以 NAND 为存储介质的固态硬盘仿效传统的硬盘设计，采用工业标准的 PCI 和 FC 接口，可被绝大部分操作系统的文件系统管理工具进行卷设置和管理。

4．产品列举

固态硬盘：固态硬盘有 SLC、MLC、TLC、QLC 四种颗粒，SLC 颗粒成本较高，容量较小，理论擦写次数在 10 万次以上 p/e，市场上较少见；QLC 颗粒寿命短，成本低，容量大，理论擦写次数仅 150 次 p/e；MLC 一般定位于高端产品，理论擦写次数在 3 000～5 000 次 p/e 左右；TLC 是目前市场上的主流颗粒，理论擦写次数在 1 000～3 000 次 p/e 不等。

$$p/e = 擦写次数*容量/每天擦写量/365$$

$$SSD寿命（年）= \frac{实际容量（GB）*p/e次数}{每天写入容量（GB）*365}$$

闪存盘：闪存盘由于具有小巧、美观，便于携带、存储容量大、价格便宜、可以带电插拔等特点，已被广泛使用。

1）朗科公司产品

朗科科技有限公司在世界上首推出基于 USB 接口，以优盘为商标的闪存盘。

2）威刚公司产品

兼顾时尚设计与耐用性的产品——ADATA UV131，高速 USB3.0 闪存盘如图 1-8-24 所示。

3）爱国者公司产品

爱国者青花瓷闪存盘具有电子写保护装置和硬件电子防干扰系统，能够有效防止外界电磁的干扰以及防止数据的误删除，内置的智能备份软件和防丢失系统能进一步保证数据的安全性，如图 1-8-25 所示。

图 1-8-24　液晶屏闪存盘

图 1-8-25　爱国者闪存盘

小　结

本章系统地介绍了外部存储器。其中，硬盘的存储知识最为丰富，包括磁存储的原理、硬盘产品的知识、磁面的逻辑划分、文件系统和分区知识等，这些均是硬盘存储知识的重点和难点。同时详细介绍了光盘存储，要注意光存储与磁存储两者在原理上的不同。闪存是一种新兴的存储介质，应用越来越广泛。由闪存发展起来的固态硬盘，发展前景更是不可估量。

习　题

一、选择题

1. 每个磁盘扇区存储_____。

　　A．512 B/s　　　　　B．512 B　　　　　　C．512 KB　　　　D．512 b

2. 磁盘采用_____优先方式存储。

　　A．磁道　　　　　　B．柱面　　　　　　　C．磁盘　　　　　D．簇

二、填空题

1. 老式硬盘盘片每一条磁道划分为相同的_____，以_____、_____、_____的 3D 参数为寻址方式存储。新式硬盘采用_____体系，磁道上的_____长度相等。

2. 硬盘总容量 =_____×_____×_____×_____。

3. 文件在磁盘中采用_____。每个簇在 FAT 中有一个_____。磁盘上需要频繁地进行文件的创建、删除、增长、缩短等操作，_____为这些操作提供了方便和可能。

4. 硬盘的磁面被划分为_____、_____和_____，以扇区为单元进行存储，最小的文件存储单位是_____。

5. 理论上，一个硬盘可分为_____主分区，其中包括一个_____，_____可分为_____若干个逻辑盘。

6. CD 的最小凹坑长度为_____，道间距为_____，采用波长为 780～790 nm 的红外激光器读取数据。DVD 的最小凹坑长度仅为_____，道间距为_____，采用波长为 635～650 nm 的红外激光器读取数据。

7. 刻录机刻录时如果后续数据没有及时写入_____，数据传输中断就会导致刻录失败。所以，_____的容量越大，刻录的成功率越高。

三、简答题

1. 为什么硬盘的盘片必须放在无尘的腔体内？

2. 磁盘为了存储数据划分有磁道、扇区，为什么还要使用簇作为存储单位？某逻辑盘为 10 GB，采用 FAT32 格式，一个文件具有 1075.2 字节，存储时需要多少扇区？多少簇？

3. 磁盘上的文件需要经常进行创建、删除、增长、缩短等操作，为什么说链式存储为这些操作提供了极大的方便？

4. 硬盘的 0 柱面 0 磁道 1 扇区为什么很重要，具有什么功能？

5. 硬盘的存储原理和光盘的存储原理有什么不同？

6. 硬盘的主要技术指标有哪些？

7. 简述希捷硬盘"ST1000218AS"编号的含义。

第**9**章 | 输 入 设 备

输入设备是人机交互的基本工具，传统的输入设备键盘和鼠标的发展也越来越成熟。新兴的摄像头、光笔等也已能满足各类人员进行信息输入的需要。输入设备中，请注意理解和掌握具有共性的性能指标，如分辨率、刷新率、像素等知识点。

9.1 键 盘

键盘是微机重要和必备的输入设备之一，本节主要从产品的角度介绍键盘，以帮助读者认识和选购键盘。

1. 分类

（1）按产品：标准键盘主要有 104 键和 107 键两种，104 键盘又称 Win 95 键盘；107 键盘又称为 Win 98 键盘，107 键盘比 104 键盘多了睡眠、唤醒、开机 3 个电源管理按键。

（2）按接口：可分为 PS/2 和 USB 两种，它们只是接口不同，无功能上的差别。

（3）按外形：可分为传统的矩形键盘和适合人体工程学造型的键盘。

人体工程学键盘在外形上一般为弧形，是在传统的矩形键盘上增加了盘托，以解决操作人员长时间悬腕的劳累。符合人体工程学的键盘品种很多，有固定式、分体式和可调角度式等。图 1-9-1 所示为人体工程学键盘。

图 1-9-1 人体工程学键盘

（4）按内部构造的不同：键盘可分为机械式与薄膜式两种。

机械式键盘：机械式键盘的按键是独立的微动开关，每个开关控制不同的信号。按照微动开关的不同，又可分为单段式与双段式两种。机械式键盘的特点是每个微动开关都是独立的，维修较方便。

薄膜式键盘：薄膜式键盘的内部为双层胶膜，胶膜中间夹有一条条的银粉线。胶膜与按键对应的位置有一碳心触点，按下按键后，碳心接触特定的银粉线，由此产生不同的键位信号。薄膜式键盘的特点在于按键时噪声低，每个按键下面均有弹性矽胶，起到保护键盘的作用。薄膜式键盘又称无声防水键盘。

（5）采用新技术的键盘。

无线键盘：以红外线或无线电取代传统信号线的无线传输键盘。

手写板功能键盘：键盘上内置手写板，可用电子笔以手写方式输入信息。

多媒体功能键盘：键盘内置上网和调音功能（需要安装驱动程序才能使用多媒体功能）。

2．性能指标

（1）键盘的性能指标：键盘上键的弹性，弹性要好。

（2）键盘的连接方式：连接方式要适应主机的配置。

9.2　鼠　标

鼠标是"鼠标器"的简称，由美国科学家道格拉斯·恩格巴特（D. Engelbart）于 1964 年发明。它是视窗操作系统界面必不可少的输入、操作设备。

1．鼠标的分类

（1）从工作原理上鼠标可分为机械鼠标、光机鼠标和光电鼠标 3 种。

① 机械鼠标：采用滚球带动金属导电片结构，滚动时由摩擦产生脉冲信号，并通过译码器编译成微机可识别的信息。这种鼠标的寿命短、精度低、灵活性差，已被淘汰。

② 机电（光机）鼠标：这种鼠标采用滚球带动 X、Y 两条滚轴，滚轴上有光栅轮，一组发光二极管和一个相应的光感应译码器位于光栅轮的两侧，栅轮的旋转不断阻隔二极管的管线，使感应器产生脉冲信号。光机鼠标采用 X、Y 滚轴，光栅轮的方式避免了直接摩擦，大大提高了鼠标的寿命和操作精度。光机鼠标为 400 dpi（dot per inch，每英寸采样像素点数），但它还不能满足一些专业应用的需要。

光机鼠标的定位机制采用物理式的滚球方式，使用后可能出现光标移动缓慢、定位不准等现象。出现这种现象是由于鼠标内部的转轴上附有灰尘、杂物的缘故，这时应将鼠标的后盖打开，将转轴上和滚球上粘附的灰尘清除掉即可恢复正常使用。机电鼠标的外形如图 1-9-2 所示。

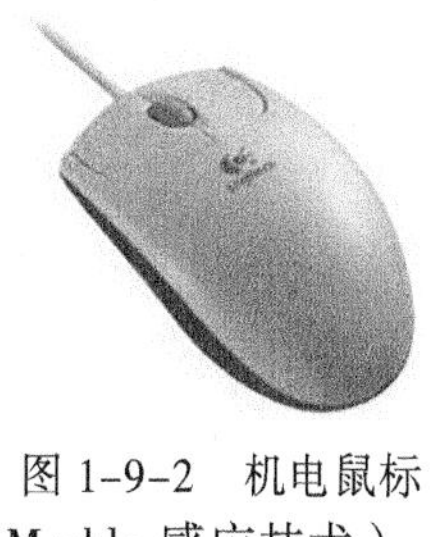

图 1-9-2　机电鼠标

③ 光电鼠标：光电鼠标的核心技术是采用一种神经网络类比模糊技术（Marble 感应技术），其原理是通过一个红外发光二极管，发出光反射到光学感应阵列上。光学感应阵列由多个独立光学感应单元组成，各单元间有着如同神经网络般的紧密联系。每一单元类似于人眼的一个细胞，整个阵列类似人的整个眼睛。与人眼成像的原理一样，感应阵列每秒可以获取 1 500 幅以上的图像，图像经过内置芯片的处理，得到光标位移和速度变化的数据，通过控制电路处理后变成脉冲

信号传送给微机。图 1-9-3 所示为光电鼠的内部结构。

当前，市场上主流产品是光电鼠标，机电鼠标已淘汰。光电鼠标的外形如图 1-9-4 所示。

图 1-9-3 光电鼠标内部结构

图 1-9-4 光电鼠标

（2）从接口上鼠标可分为 PS/2 和 USB 两种。

① PS/2 接口是从 PC99 规范中提出来的一个供鼠标和键盘专用的接口方式。通常鼠标用绿色插头标示，键盘用紫色插头标示，现已淘汰这种接口。

② USB 接口鼠标使用的 USB 接口已是主流接口类型，不必区分鼠标和键盘接口，可随时、随意更换鼠标及其他设备。

（3）按鼠标上带有滚轮的数量可分为 2D（平面鼠标、没有滚轮）、3D（1 个滚轮）和 4D 鼠标（两个滚轮）等。

（4）按鼠标上面按键的数量分为单键、双键、三键、多键鼠标等。

（5）按照鼠标和主机之间的连接方式，可分为有线鼠标和无线鼠标两大类。无线鼠标按采用技术的不同，分为红外线无线鼠标、无线电无线鼠标和蓝牙无线鼠标等。

2．工作原理

鼠标器将本身的移动分解为横、纵两个方向，分别记录移动的速度和距离，通过对应的脉冲发生器产生脉冲信号。按键电路通过多个开关的通、断来发出相应的脉冲信号；控制电路将脉冲发生器和按键电路产生的脉冲信号进行混合编码，通过数据端口向微机发送；系统接收后将信号进行图形化还原，并在屏幕上显示出其坐标位置和命令状况。

3．性能指标

（1）分辨率：光电鼠标的 CPI（Count Per Inch，每英寸的测量次数）是最主要的技术指标。CPI 越高，越利于反映操作者的微小操作。鼠标光标移动相同的逻辑距离，屏幕分辨率高时需要移动的物理距离越短。所以，CPI 高的鼠标适合在高分辨率屏幕下使用。

（2）刷新率：鼠标刷新率即鼠标的采样频率，指鼠标每秒能采集和处理的图像数量，以 FPS/S（帧/秒）为单位。

（3）像素处理能力：像素处理能力=每帧像素数×刷新率，为综合刷新率和 CMOS 像素数的一个指标。

9.3 手 写 笔

手写笔的发展得益于输入中文的需要，人们不必学习输入法即可轻松地输入中文，现已发展到可以用手写笔进行电子绘画，代替鼠标在界面上操作。手写笔如图 1-9-5 所示。

图 1-9-5　手写笔

1．分类

手写板分为电阻式和感应式两种。

电阻式手写板必须充分接触才能写出字来；感应式手写板又分"有压感"和"无压感"两种，有压感的输入板能感应笔画的粗细，着色的浓淡，用于 Photoshop 画图时能表现出效果。感应式手写板容易受一些电器设备的干扰。

2．结构

手写笔一般由两部分组成，一部分是与计算机相连的写字板，另一部分是在写字板上写字的笔。写字板上有与计算机的连接线。

3．接口

手写笔的接口主要是 USB 接口。

9.4　摄　像　头

摄像头是一种视频输入设备，被广泛运用于视频会议、远程医疗及实时监控等方面。通过摄像头人们可以彼此在网络上进行有影像、有声音的远程交谈和沟通，如图 1-9-6 所示。

图 1-9-6　摄像头

1．分类

摄像头分为数字摄像头和模拟摄像头两大类。

模拟摄像头捕捉到的视频信号为模拟信号，通过视频捕捉卡将模拟信号转换为数字模式信息，压缩后存储到计算机中，供计算机使用。

数字摄像头利用光电技术采集视频信息，通过内部电路直接把代表像素的"点电流"转换为 0 和 1 的数字信号，传输到计算机中存储。

2．工作原理

摄像头（Webcam）具有视频摄像、传播以及静态图像捕捉等功能。摄像头借由镜头采集图像后，由摄像头内的感光组件电路和控制组件对图像进行处理并转换为计算机所能识别的数字信号，即经 A/D（模/数）转换为数字图像信号，然后由数字信号处理芯片（DSP）加工处理，再传输至存储设备存储；或通过显示器还原输出电子图像，也可通过打印设备输出纸质的图像。

注意：图像传感器（是一种半导体芯片，其表面包含几十万到几百万的光电二极管。光电二极管受到光照射时，会产生电荷。

数字信号处理芯片 DSP（Digital Signal Processing）的功能，是通过一系列复杂的数学算法运算，对数字图像信号参数进行优化处理，处理后的信号通过接口传输到机内存储。

3．摄像头的主要结构和组件

1）镜头

镜头由透镜结构组成，有塑胶透镜和玻璃透镜。摄像头用的镜头构造有 1P、2P、1G1P、1G2P、2G2P、4G 等。透镜越多，成本越高，高质量的摄像头采用玻璃镜头。

2）图像传感器

图像传感器分为两类：CCD（Charge Couple Device，电荷耦合器件）和 CMOS（Complementory Metal-Oxide Semiconductor，金属氧化物半导体元件）。

3）接口类型

摄像头采用的接口有接口卡、串口、并口和 USB 口。

接口卡式一般采用摄像头专用卡实现，厂商一般会针对摄像头优化或添加视频捕获功能。接口卡的图像画质和视频流的捕获方面具有较大的优势。

USB 接口的传输速度远远高于串口、并口，市场上主流产品是 USB 接口。

4．技术指标

1）像素

像素是衡量摄像头的重要技术指标之一。像素高的产品，图像的品质好，数据量大。

2）分辨率

摄像头分辨率是度量位图图像内数据量多少的参数，通常表示成 dpi（dot per inch，每英寸点）。即描述摄像头解析图像能力的技术指标，也可称为是摄像头的影像传感器的像素数。

3）色深（色彩位数）

色深表示画面颜色的细腻程度，简单的理解可视为颜色种量的多少。数值越大，颜色的种量越多，颜色越细腻，色彩的过渡越平滑自然。高色深代表摄像头 A/D 转换器的精度高。

4）视频捕获速度

视频捕获能力是用户最为关心的功能之一，大多产品声称具有 30 帧/秒的视频捕获能力。目前，摄像头的视频捕获主要通过软件实现，对计算机的要求，即对 CPU 的处理能力要求很高。摄像头的视频捕获对画面的要求不同，捕获能力也不同。现在，摄像头捕获画面的最大分辨率为 640×480，在这种分辨率下，没有任何数字摄像头能达到 30 帧/秒的捕获效果，所以，画面一般会产生跳动现象。在 320×240 的分辨率下，依靠硬件与软件的结合能达到标准速率的捕获指标。

5）图像的解析度/分辨率

SXGA（1280×1024），130 万像素。

XGA（1024×768），80 万像素。

SVGA（800×600），50 万像素。

VGA（640×480），30 万像素（35 万，648×488）。

CIF（352×288），10 万像素。

SIF/QVGA（320×240），低像素。

QCIF（176×144），低像素。

QSIF/QQVGA（160×120），低像素。

6）自动白平衡调整（AWB）

要求在不同色温环境下光照白色的物体，屏幕中的图像应为白色。色温改变时，光源中三基色（红、绿、蓝）的比例会发生变化，需要调节三基色的比例达到彩色的平衡，即白平衡调整。

7）图像格式

RGB24：表示 R、G、B 三种颜色各为 8 bit，可以再现 256×256×256 种颜色。

I420：也可表示为 IYUV，是数码摄像机专用表示法。

此外还有 RGB565、RGB444、YUV4:2:2 等格式。

小　　结

本章需要掌握键盘和鼠标的操作，手写笔和摄像头对分辨率、刷新率、像素等方面的要求。

习　　题

简答题

1. 人体工程学的设备有什么优点？

2. 光电鼠标采用的原理是什么？

3. 为什么要求键盘和鼠标的操作手感要好？

4. 请解释鼠标分辨率与微操作的关系。

5. 输入设备中，光笔有什么优点？

6. 摄像头的技术指标有哪些？

第 **10** 章 输 出 设 备

输出设备的功能是将经计算机处理的数据信息或以实时的方式，或以传统的、人们熟悉的方式（如数字、字符、声音、图像、动画）展示出来。本章介绍显卡、显示器、声卡、音响设备等输出设备。GPU 是图形、图像处理专用的图形处理器；显卡、声卡是计算机信息输出的处理设备，显示器、音响设备是输出设备。重点要理解显卡、声卡对信息的数模处理知识。

10.1 显 卡

显卡即显示器适配器，是微机的重要部件之一。显卡安插在主板的总线扩展插槽中，或直接集成在主板的芯片组内。显卡承担了将计算机处理的数字信号信息转换为模拟信号信息，然后传输到显示器，通过显示器显示输出的重要工作。

1. GPU

GPU（Graphic Processing Unit，图形处理器，又称显示芯片）是显卡的"心脏"。一幅图像的处理过程不必注重于从哪个像素点开始，所以，GPU 被设计成善于并行处理，处理图像的工作效率远高于 CPU。2D 显示芯片处理 3D 图像和特效功能时需要依赖 CPU 的处理能力，即需要"软加速"；3D 显示芯片（GPU）则自身完成对三维图像和特效功能的处理，具有所谓"硬加速"的功能。所以，GPU 成为区别 2D 显卡和 3D 显卡的标志。由 GPU 完成原属 CPU 处理的 3D 图形等工作，减少了显卡对 CPU 的依赖。GPU 从硬件上支持 T&L（Transform and Lighting，多边形转换与光源处理）技术，支持立方环境材质贴图和顶点混合、纹理压缩和凹凸映射贴图、双重纹理四像素 256 位渲染引擎等。可以说是否支持 T&L 技术是显卡具有 GPU 与否的标志。

现在，CPU 完全能够满足运行和运算的各种需求，微机要满足更高的需求、功能更强，特别是满足复杂三维动画、三维游戏的要求，关键在于显卡，即在于 GPU。GPU 显示芯片通常是显卡上最大的芯片（引脚最多）。现在市场上的显卡大多采用 nVIDIA 和 AMD（ATI）两家公司生产的图形处理芯片，如图 1-10-1 所示。

2. 显卡结构

显卡由显示芯片（GPU）、RAMDAC、显存、显卡 BIOS、VGA 等接口、特性连接器等构成，有的显卡还有连接电视机的 TV 端子或 S 端子。

图 1-10-1 显示芯片

1）GPU

GPU 即显示芯片，它决定显卡的功能和档次。

2）RAMDAC

RAMDAC（Random Access Memory Digital to Analog Converter，数模转换器），作用是将显存中的数字信号转换为能够通过显示器显示的模拟信号。

3）显存

与主机的内存功能相似，显存用以存放经显示芯片处理的显示数据。显示芯片上有商标、生产日期、编号和厂商名称等。显示芯片分类如下：

（1）2D 显卡：2D 显卡适宜处理二维图像，有 8900、9000、9685 等产品。已淘汰。

（2）3D 一代：3D 显卡对三维图像和特效处理由卡上的 GPU 完成。3D 显卡有 S3 的 Virge 系列，Trident 的 9750、9850 等。已淘汰。

（3）3D 二代：有 Matrox 的 G100、3Dlabs 的 Permedia2、3Dfx 的 VooDoo I（3D 子卡）、nVIDIA 的 Riva128ZX、SiS 的 SiS6326、ATI 的 RagePro、Intel 的 i740、S3 的 Trio3D 等产品。

（4）3D 三代：有 Matrox 的 G200、3Dfx 的 VooDoo II（3D 子卡）、VooDoo Banshee、nVIDIA 的 RivaTNT、ATI 的 Rage128、Intel 的 i740Plus、S3 的 Savage-3D 等产品。

（5）3D 四代：主要有 Matrox 的 G400、3Dfx 的 VooDoo III、nVidia 的 RivaTNT3、S3 的 Savage4 等产品。

3D 显卡上有专门存放纹理数据或 Z-Buffer 数据的显存。由于 3D 的应用越来越广泛，加上大分辨率、高色深图形处理的需要，现在对显存速度的要求越来越高。

4）总线

PCI Express 总线的显卡产品于 2004 年面世。PCI Express 的接口根据总线位宽的不同而略有差异，包括 X1（X2 模式用于内部接口）、X4、X8 以及 X16 等，能够提供 5 GB/s 的带宽。PCI Express 的产品如图 1-10-2 所示。

图 1-10-2 PCI Express 显卡

5）VGA 插座

VGA 插座是显卡的输出接口，与显示器的 D 形插头相连，用于模拟信号的输出。

6）特性连接器

特性连接器是显卡与视频设备交换数据的通道，有 34 针，也有 26 针，用于连接 MPEG 硬解压卡。

7）S 端子

部分显卡通过它完成向电视机（或监视器）输出的功能。5 个呈半圆分布的插孔，与电视机上的 S 端子完全匹配。

3．工作原理

显示器上像素点的数据由显卡提供。显卡的工作过程如下：

待输出的数据信息通过总线传送到显卡的 GPU→GPU 对数据信息进行处理→处理完成的信息存放于显示内存中→显存中的数据传送到 RAMDAC（数模转换器）进行数/模转换→完成转换的模拟信号通过 VGA 接口输出到显示器显示。

4．性能指标

显卡最基本的性能指标有分辨率、色深、刷新频率、显存等。

（1）分辨率：分辨率越高，表示能显示图像的像素点越多，显示的细节更细腻，显示的图像越清晰。分辨率的两个数字（如 1 024×768）表示图片在长和宽上所占的点数。

（2）色深：表示显卡处理画面颜色的细腻程度，简单理解可视为显卡处理颜色数量的多少。数值越大颜色的种量越多，颜色越细腻，色彩的过渡越平滑自然。

（3）RAMDAC：数模转换器。RAMDAC 是影响显示卡性能的最重要器件，它决定了在足够显存下，显示卡所能支持的最高分辨率和刷新频率。

RAMDAC 的转换速率以 MHz 表示，该数值决定了在足够的显存下，显卡所能支持的最高分辨率和刷新率。如在 1 024×768 的分辨率下要达到 85 Hz 的刷新率，RAMDAC 的速率至少需要：

$$1\ 024 \times 768 \times 85 \times 1.344（折算系数）\div 106 \approx 90\ \text{MHz}。$$

（4）刷新频率：指每秒重绘屏幕的次数。低于 75 Hz 的刷新率，人眼在观看时会有闪烁感，无法正常观看。刷新率越高，屏幕上图像的闪烁感越小，图像越稳定，视觉效果越好。

（5）显存：显存用以存储经显示芯片处理的图像数据，然后通过 RAMDAC 完成数模的转换，最后输出到显示器显示。

显卡的分辨率越高，色深数越高，需要的显存越大。如果显示芯片的性能高，但显存不够，显示芯片的效果仍然发挥不出来。

显存与分辨率、色深的关系：

$$显存容量 = 显示分辨率 \times 颜色位数 / 8\text{bit}$$

在三维条件下，显存必须具备的最低存储量为：

$$1\ 024 \times 768 \times 32\text{bit} \times 3/8\text{bit} = 9\ 437\ 184\ \text{byte} = 9.216\ \text{MB}$$

这只是最低的存储需求，实际需求应远高于此值。

5．产品列举

1）AMD 产品

智锐通（ZRT）显卡。芯片厂商：AMD；高性能芯片：AMD R9；显存容量：4GB；显存类型：HBM；显存位宽：4 096 bit；I/O 接口：HDMI，DP，DVI，如图 1-10-3 所示。

2）NVIDIA 产品

七彩虹 Colorful 显卡。芯片厂商：nVIDIA；芯片：GTX1650；显存容量：4GB；显存类型：GDDR6；显存位宽：128 bit；接口类型：支持 PCIE4.0；I/O 接口：HDMI，DP，DVI，如图 1-10-4 所示。

图 1-10-3　智锐通（ZRT）显卡　　　　　图 1-10-4　七彩虹显卡

10.2　显　示　器

显示器又称监视器，是微机最主要、最典型的输出设备。

1．分类

按显示原理及结构，显示器分为阴极射线管（Cathode Rag Tube，CRT）显示器和液晶显示器（LCD）两大类。

2．性能指标

（1）分辨率（Resolution）：指显示器所能显示像素的多少，为屏幕图像的精密度。屏幕上的点、线和面由像素组成，显示器可显示的像素越多，画面越精细，屏幕区域内能显示的信息越多。分辨率以乘法表示：分辨率为 1 024×768 像素，即共 768 条水平线，每一条水平线上包含有 1 024 个像素点。分辨率不仅与显示尺寸有关，还受显像管点距、视频带宽、刷新频率等因素的影响，严格地说，刷新频率为"无闪烁刷新频率"时，显示器所能达到的最高分辨率，才能称为该显示器的最高分辨率，如图 1-10-5 所示。

（2）点距：图 1-10-6 中两个绿色荧光点之间的数值 0.28 mm 就是所谓的"点距"。连接最近两个同色荧光点的线段与水平线之间具有 30°的夹角，这条线段在水平线上的投影即称为"水平点距"。点距越小图像越清晰，图像也越细腻。

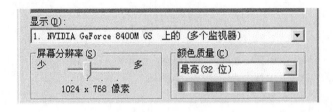

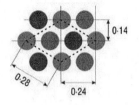

图 1-10-5　分辨率　　　　　　　　　　　　图 1-10-6　点距

（3）刷新率：CRT 显示器将画面分成若干"扫描线"进行扫描，刷新率低时画面会出现闪烁的问题。LCD 则是对整幅画面进行刷新，低于 60 Hz 的刷新率也不会出现画面闪烁的现象。高的刷新率指标只是说明该 LCD 可以接受并处理更高频率的视频信号，对画面效果不会有大的提高或影响。受响应时间的影响，液晶显示器的刷新率不是越高越好。一般设为 60 Hz 为最好，即每秒切换 60 次画面，调高时反而影响画面的质量。

3. CRT 显示器

CRT 显示器如图 1-10-7 所示。

图 1-10-7　CRT 显示器

1）CRT 显示器的种类

CRT 显示器种类繁多，有电致变色显示器（ECD）、电泳显示器（EPID）、铁电陶瓷显示器（PLZT）和发光型等离子体显示器（PDP）、场致显示器（FED）、电激发光显示器（ELD）、真空荧光显示器（VFD）等。

2）CRT 显示器的发展历程

（1）环形时代（20 世纪 80 年代初至 90 年代初）：球面显示器的屏幕呈明显的弧度，称为显示器的环形时代。

（2）平面直角时代（20 世纪 90 年代中至 90 年代末）：1994 年是显示器发展的分界线。显像管厂商为了减小球面屏幕四角的失真和显示器的反光现象，生产出了平面直角显示器。

（3）纯平时代（20 世纪 90 年代末至 21 世纪初）：纯平显示器的出现，使 CRT 显示器终于走上了完全平面的道路。完全平面显示器的屏幕在水平和垂直方向都是直的，像面镜子一样，失真、反光被减小到了最低限度。

（4）MB（Magic Bright）时代：MB 时代是纯平时代的发展和延伸。三星倡导的视觉纯平技术成为事实上的标准后，纯平显示技术改进的焦点集中到显示器的亮度上。

3）CRT 显示器的结构原理

（1）荫罩是显像管的造色机构，是一块安装在荧光屏内侧，上面刻蚀有 40 多万个孔的薄钢板。红、绿、蓝色荧光粉需要红、绿、蓝色光束分别激发。大多数彩色显示器使用一组 3 个的电子枪显示彩色，要求保证 3 个电子束共同穿过同一个荫罩孔，才能准确地激发彩色荧光粉。

（2）CRT 涂层：CRT 涂层可以有效地防止静电，有效地防止强光对屏幕的干扰。当前普遍使用的 CRT 涂层有以下 4 种：

① AGAS（Anti Glare /Anti Static）涂层：为防强光、防静电涂层。涂层材料为矽涂料，可以扩散反射光，降低强光的干扰。

② ARAS（Anti Reflection/Anti Static）涂层：为防反射、防静电涂层。涂层材料为多次结构的透明电介质涂料，可有效抑制外界光线的反射，不会扩散反射光。

③ 超黑矩阵屏幕（Black Matrix Screen）：这种屏幕的荧光点之间涂有碳粉颗粒，因此比常规显像管暗，抗外界光线干扰的能力强。它能显著地改善图像的对比度，使画面色彩看起来更鲜艳。

④ 纳米（Nano Filter）涂层：在显示屏内部荧光体（磷）层与原有复合涂层之间加入由纳米材料组成的最新涂层，利用纳米材料特有的共振和极化作用有效吸收大部分介于红绿蓝 3 种原色光波长之间的干扰光线，使画面呈现前所未有的高对比度和高色纯度，画面深邃亮丽、色彩逼真，同时还将眩光、射光等对人眼的影响降至最低。

4．液晶显示器

液晶显示器（Liquid Crystal Display，LCD）具有轻薄短小、耗电量低、无辐射危险，平面直角显示以及影像稳定、不闪烁等优点，已取代 CRT 显示器成为市场的主流产品，如图 1-10-8 所示。

图 1-10-8　液晶显示器

1）LCD 的种类

（1）TN（Twisted Nematic，扭曲向列型）。

（2）STN（Super TN，超扭曲向列型）。

（3）DSTN（Dual Scan Tortuosity Nomograph，双层超扭曲向列型）。

（4）TFT（Thin Film Transistor，薄膜晶体管型）。

2）液晶显示器的构造原理

当前市场上的 LCD 液晶显示器主要有两类：DSTN［被动矩阵（无源矩阵）］和 TFT［主动矩阵（有源矩阵）］两大类。图 1-10-9 所示为 TN 型液晶显示器的简易构造图。

TN 型液晶显示器包括垂直方向与水平方向偏光板、细纹沟槽的配向膜、液晶材料以及导电的玻璃基板。单纯的 TN 液晶显示器只有明暗（黑白）两种情形，没有色彩的变化。STN 液晶显示器由于液晶材料的关系，以及光线的干涉现象，显示的色调以淡绿色和橘色为主。如果在传统单色 STN 液晶显示器中加入一个彩色滤光片，同时将单色显示矩阵中的任一像素分成 3 个子像素，并分别通过彩色滤光片使之显示红、黄、蓝 3 原色，再经 3 原色比例调和，即可显示出全彩模式的色彩。

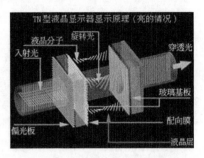

图 1-10-9　液晶显示器构造图

TN 型液晶显示器的显示屏幕可以做大，但是对比度较差。

（1）DSTN 通过双扫描方式扫描扭曲向列型液晶显示屏以达到显示的目的。DSTN 采用双扫描技术，显示效果有了大幅度的提高。由 DSTN 液晶体构成的液晶显示器对比度和亮度比较差，屏幕观察范围较小，色彩不够丰富，反应速度慢，不适于高速移动图像和视频播放的应用。DSTN 液晶体构成的液晶显示器一般只用于文字、表格和静态图像处理，在少数笔记本微型计算机中仍采用它作为显示设备。

（2）HPA：HPA 是 DSTN 的改良型，一般称为高性能定址或快速 DSTN，它能提供比 DSTN 更快的反应时间、更高的对比度和更大的视角，成本却与 DSTN 相近。

（3）TFT 型：TFT LCD 采用与 TN 系列 LCD 截然不同的显示方式。TFT 型液晶显示器由荧光管、导光板、偏光板、滤光板、玻璃基板、配向膜、液晶材料、薄模式晶体管等构成。TFT LCD 的每个像素点由集成在自身上的 TFT 控制，为有源像素点。TFT LCD 的反应时间快，对比度、亮度和分辨率都较高；所以，由 TFT 液晶体构成的液晶显示器更新频率快，具有较高的对比度和丰富的色彩。

3）液晶显示器的主要性能指标

（1）点距：CRT 的点距为 0.28 mm。现在，一般 LCD 的点距为 0.264 mm，已高于 CRT 显示器的标准。

（2）分辨率：CRT 显示器的分辨率主要是由带宽确定，液晶显示器的分辨率主要由面板决定。液晶显示器的原理决定了它的物理分辨率是固定不变的，它的最佳分辨率就是其固定分辨率，同级别液晶显示器的点距在全屏幕的任意处完全相同。液晶显示器的分辨率从 640×480 到 1 024×768 的改变，只是做了一个简单的缩放，缩放倍数为 1.5。

（3）亮度：液晶显示器的技术规格中通常会标示亮度，指背光光源所能产生的最大亮度，它有别于一般灯泡的亮度单位（烛光 Lux）。LCD 显示器采用的标示亮度单位是 cd/m^2，一般 LCD 显示器具有显示 200 cd/m^2 的亮度能力，主流 LCD 显示器达 300 cd/m^2 以上。若操作环境的光线较亮，LCD 显示器的亮度需要调得大一点才能看清画面。所以 LCD 显示器能够调的最大亮度越大，适应的环境范围越大。

（4）对比度：液晶显示器在同等亮度条件下黑色越深，显示色彩的层次越丰富，画面影像越清晰，所以液晶显示器的对比度是一个重要的技术参数。一般人眼可以接受的对比度在 250:1 左右，低于该对比度就有模糊或灰蒙蒙的感觉。对比度在 300:1 以上能满足文档处理和办公应用的需要，玩游戏和看影片则远远不够。

（5）可视角度，从非垂直的方向观看液晶显示器时，可能看到显示屏呈现一片漆黑或颜色失真。若几个人同时观看屏幕，要求可视角度越大越好。一般主流 LCD 的水平可视角度在 150°～170°，垂直可视角度应在 140° 以上。

（6）响应时间：响应时间以 ms（毫秒）为单位，指液晶面板上各像素点由亮转暗所需的时间，分为上升时间、下降时间。上升时间和下降时间之和称为响应时间。播放 DVD 影片、玩一些计算机游戏，需要每秒显示 60 帧画面以上，响应时间=1/0.016=63 帧画面。LED 产品的响应时间在 8 ms 以下，能够满足 3D 游戏和视频播放的需要。

（7）"亮点"和"暗点"：LCD 的液晶面板由大量的像素点构成。其中，若有短路的像素点将产生暗点，若有断路的像素点将产生亮点。一般厂家可以声称自己的产品没有亮点，但是，他们不可能声称自己的产品没有坏点。一个 17 in 的液晶显示器具有 393 万个以上的像素点，生产厂商是无法保证所有的产品，在这么多像素点中都百分之百完好。在 LCD 中，坏的像素不会传染好的像素，所以，只要坏点不多，并且不集中在屏幕的中部，用户一般都只得接受。LCD 坏点的检测可借助于专业的测试软件，如 Nokia Monitor Test，可从网上下载。

5. 辐射和环保标准

1）TCO 认证

TCO 认证是由瑞典专业雇员协会（Swedish Federation of Professional Employees，TCO）推行的一种显示器认证标准。标准从生态（Ecology）、能源（Energy）、辐射（Emissions）以及人体工学（Ergonomics）4 个方面进行核查。至今，TCO 制定了 TCO'92、TCO'95、TCO'99 和 TCO'03 这 4 个标准认证。

（1）TCO'92：具有这个标签标识表示已通过了 TCO'92 认证。TCO'92 致力于降低电磁辐射、节省电力、防火和防电，如图 1-10-10（a）所示。

（2）TCO'95：该标识覆盖范围涉及显示器、键盘和系统单元，除 TCO'92 的各项规定外，还提出了对环境保护的要求，并要求设备符合人体工学，如图 1-10-10（b）所示。

（3）TCO'99：该标识对显示器提出了更严格的要求，要求让用户感到最大程度的舒适，同时强调保护环境。TCO'99 对键盘及便携机的设计也提出了具体要求，如图 1-10-11（c）所示。

TCO'92	TCO'95	TCO'99
（a）	（b）	（c）

图 1-10-10　TCO 的 3 种标准

（4）TCO'03：TCO 于 2002 年 11 月发布了关于显示器的第 4 个认证标准 TCO'03。标准涵盖了 CRT 和 FPD（包括 LCD 液晶显示器在内的平板显示器的通称）显示器。TCO'03 在像素的排列、亮度特性、亮度均匀性、亮度对比度、表面反射系数、图像的稳定性、辐射、电气安全性、节能、生态环保等方面，以及在人体工程学、辐射、能源测试等方面都比 TCO'99 提出了更高的要求，如图 1-10-11 所示。

2）MPRⅡ

MPRⅡ是瑞典国家测量测试局（Swedish National Board for Measurement and Testing）制定的标准，主要对电子设备的电磁辐射程度（电场、磁场和静电场强度3个参数）实行标准限制。标准面向普通工作环境，目的是将显示器周围的电磁辐射降低到一个合理的程度。

MPRⅡ已被采纳为世界显示器质量标准。

图 1-10-11　TCO'03 标准

10.3　显示设备的选购

1．显卡的选购

选购显卡一般应从以下4个方面考虑：

（1）根据系统选购显卡。

（2）根据使用需求选购显卡：对于用于制图、玩游戏的计算机，GPU已比CPU重要，应配备高档显卡。

（3）显卡附带的功能：现在有的显卡具有双头显示功能，即一块显卡可分别接两台显示器，每台显示器可以显示不同的内容。

（4）显卡的做工：PCB周边十分光滑，没有划手的感觉，焊点干净。

2．液晶显示器的选购

（1）点距越小越好：点距越小，影像看起来越精细，边和线越平顺。

（2）检查坏点：面板上不能正常发光的像素点包括"亮点"和"暗点"。"亮点"是任何情况下都会发光的点；"暗点"指不能正常发光，亮度较低，影响正常颜色显示的像素点。

（3）选择通过 TCO'99、TCO'03 等标准认证，健康、环保的显示器产品。

10.4　声　　卡

声卡（Sound Card）又称音频卡，是多媒体技术最基本的组成部分之一，是实现声波/数字信号相互转换的计算机硬件设备。声卡把来自麦克风、磁带、光盘的原始声音信号加以转换，然后输出到耳机、扬声器、扩音机、录音机等音响设备，还可以通过乐器数字接口（Musical Instrument Digital in Terface，MIDI）使电子乐器发音。

1．声卡的功能

声卡是多媒体计算机处理声音的适配器。它有3个基本功能：

（1）实现音乐合成发音的功能。

（2）完成混音器（Mixer）和数字声音效果处理器（DSP）的功能。

（3）模拟声音信号的输入和输出功能。

声卡处理的声音数字信息在微型计算机中以文件的形式存储。声卡的工作必须得到驱动程序、混频程序和CD播放程序等软件的支持。

2．声卡的结构

声卡由声音处理芯片（组）、功率放大器、总线连接端口、输入/输出端口、MIDI 及游戏杆接口（共用一个）、CD 音频连接器、跳线和 SB-Link 接口等构成，如图 1-10-12 所示。

（1）声音处理芯片：声音处理芯片决定声卡的性能和档次，其基本功能包括对声波采样和回放的控制、处理 MIDI 指令等，有的厂家还加进了混响、和声、音场调整等功能。声音处理芯片上标有商标、型号、生产日期、编号、生产厂商等信息，如图 1-10-13 所示。

图 1-10-12　声卡

图 1-10-13　声音处理芯片

声音处理芯片由多块 IC 芯片组构成。AC'97 规范为了保证声卡的信噪比（SNR）达到 80 dB 以上，要求声卡的 ADC、DAC 处理芯片与数字音效芯片分离。所以，高档声卡上具有多块声音处理芯片。声音处理芯片有 SB、ESS、OPTI、AD、YMF、ALS、ES、S3、AU 等。

（2）功率放大器：从声音处理芯片出来的信号还不能直接推动喇叭放出声音，需要经功率放大器（芯片）将信号放大。绝大多数声卡带有功率放大芯片，功放芯片的型号一般为 XX2025，功率为 $2 \times 2W$，音质一般。由于它在放大声音、音乐信号的过程中也同时放大了噪声信号，所以从输出端（Speaker Out）输出的噪声也较大。

（3）总线连接端口：声卡插入到计算机主板上总线连接端口中。根据总线接口的不同，声卡分为 ISA 声卡和 PCI 声卡。

（4）输入/输出端口：在声卡与主机机箱连接的一侧有 Speaker Out、Line Out、Line in、Mic In 等插孔。

① Speaker Out 端口：连接扬声器。可用于音乐、歌曲等的播放。

② Line Out 端口：连接音响设备（解压卡、CD、功放和彩电等）。通过 Line In 端口录制的文件也可通过 Line Out 端口输出。

③ 可通过声卡上的跳线定义该插孔的功能。

④ Line In 端口：该端口将品质较好的声音、音乐信号输入到声音处理芯片，通过微型计算机的控制将该信号录制成文件保存。

⑤ Mic In 端口：用于连接麦克风（话筒）。通过该端口可以传送和录下自己的歌声，实现基本的"卡拉 OK 功能"；也可以通过其他软件（如 IBM 的 ViaVoice、汉王、天音话王等）的控制实现语音的录入和识别。

上述 4 端口传输的都是模拟信号。高档声卡能够实现数字声音信号输入、输出的全部功能，如果连接高档的数字音响设备，还需要有数字信号输出/输入端口。声卡上有一个 S/PDIF 的两针插座（索尼/飞利浦数字交换格式接口），从 DAT 等数字音响设备输出的信号可以通过它直接传输到声卡，再通过软件的控制就能实现录制和播放等功能。

（5）MIDI 及游戏操纵杆接口：一般声卡都带有一个游戏操纵杆接口用来配合模拟飞行、模拟驾驶等游戏软件，该接口与 MIDI 共用一个 15 针的 D 形连接器，实现 MIDI 音乐信号的直接传输。

（6）CD 音频连接器：连接器位于声卡中上部，通常是一个 3 针或 4 针的小插座，与 CD-ROM 的相应端口连接实现 CD 音频信号的直接播放。不同 CD-ROM 相应端口上的音频连接器不一样，因此大多数声卡都有 2 个以上的音频连接器。

（7）跳线和 SB-Link 接口：多数 ISA 声卡有跳线，用来为 ISA 声卡设置通道和中断信号（DMA 和 IRQ），使操作系统能与声卡进行信号传输。不过，现在绝大多数声卡采用软件方式设置通道，声卡上的跳线用以区分 Line Out 与 Speaker Out。

3. 声卡的分类

声卡按功能可分为单声道声卡、准立体声声卡和立体声声卡等几种。

（1）单声道声卡（已淘汰）：单声道是原始的声音复制形式，早期的声卡为单声道声卡。单声道声卡通过两个扬声器回放时，可以明显地感觉到声音从两个扬声器向外传递。

（2）准立体声（已淘汰）：准立体声声卡在录制声音时采用单声道，放音时有时采用立体声，有时采用单声道。

（3）立体声：声音在录制过程中即被分配到两个独立的声道，从而达到很好的声音定位效果。立体声技术在音乐欣赏中尤为重要，听众可以清晰地分辨出各种乐器分别发声的方向，所听到的音乐具有临场的感受。

（4）四声道环绕：四声道环绕规定了 4 个发音点：前左、前右，后左、后右，听众包围在中间。就整体效果而言，四声道系统可以为听众带来不同方向的声音环绕，获得身临不同环境的听觉感受和全新的体验。

（5）5.1 声道：5.1 声道由主声道（前左、前右），中央声道，后声道（后左、后右）与超低音声道组成。所谓 5.1 声道，实为 6 个声道输出。第六个声道为超低音声道，由于该声道不包含全音域，所以采用在一个小数点后面加 1 的方式来表示，"5.1" 的称谓来自于此。5.1 声道已广泛运用于各类传统影院和家庭影院中，一些比较知名的声音录制压缩格式，如杜比 AC-3（Dolby Digital）、DTS 等都以 5.1 声音系统为技术蓝本，如图 1-10-14 所示。

（6）7.1 声道，7.1 声道由 5.1 声道+环绕构成，即包括主声道（前左、前右），中央声道（后左、后右），超低音声道+后左环绕、后右环绕等构成。7.1 声道是较 5.1 声道更为优越的声音系统。图 1-10-15 为 7.1 声道声卡，其输出孔比 5.1 声道声卡多。

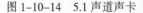

图 1-10-14　5.1 声道声卡

图 1-10-15　7.1 声道声卡

声卡的"位"是指声卡在采集和播放声音文件时所使用的二进制位数，它客观地反映了数字声音信号对输入声音信号描述的准确程度。按数据位数可划分为 8 位、16 位、32 位的声卡。计算机处理的声音文件同样采用 0 和 1 表示。使用计算机完成的录音是把模拟的声音信号经采样转换为数字信号后保存下来的声音文件；播放则是将数字信号还原为模拟信号后，通过扬声器输出。

4．声卡的性能指标

（1）S/PDIF。S/PDIF 是 SONY、PHILIPS 数字音频接口的简称，可以传输 PCM 流和 Dolby Digital、dts 类的环绕声压缩音频信号。若声卡具有 S/PDIF In、S/PDIF Out 接口，表明该声卡具有 S/PDIF 功能，配备数字解码器或数字音频解码扬声器，可以使用外置的数模转换器（Digital-Analog Converter，DAC）进行解码，得到很好的音质效果。

（2）采样位数与采样频率：计算机只能处理离散的数字信号，音频信号是连续的模拟信号。计算机处理音频信号需要进行模/数（A/D）转换，把时间上连续的模拟信号转变为数字信号。

① 采样位数：把时间上连续的模拟信号转变为数字信号，需要在连续的模拟量上等间隔地取点。在信号幅度（电压值）方向上的采样精度称为采样位数（Sampling Resolution），"取点"越多，采样精度越高，声音越逼真、越清晰。

② 采样频率（Sampling Frequency）：时间方向的采样精度，即每秒对音频信号的采样次数称为采样频率。单位时间内采样次数越多，采样的频率越高，数字信号越接近原声。采样频率达到信号频率的两倍，就能精确地描述被采样的信号。人耳的听力范围在 20 Hz 到 20 kHz 之间。采样频率达到 20 kHz×2=40 kHz（信号最高频率的两倍）时，就能满足人耳的听力要求。大多数声卡的采样频率为 44.1 kHz 或 48 kHz，达到 CD 音质的水平。

（3）复音数：在各类声卡的命名中，64、128 代表该声卡在 MIDI 合成时可以达到的最大复音数值，即 MIDI 乐曲在 1 s 内能发出的最大声音数目。如果波表支持的复音值太小，一些比较复杂的 MIDI 乐曲在合成时就会出现声波丢失的情况，影响播放效果。复音越多，音效越逼真，当前的波表声卡可以提供 128 以上的复音值。

（4）动态范围：动态范围指声音的增益发生瞬间突变，即音量骤然增高或降低时，设备能够承受的最大变化范围。这个数值越大，表示声卡的动态范围越广，越能表现出作品的情绪和起伏。一般声卡的动态范围在 85 dB 左右，动态范围达 90 dB 以上的声卡为高质声卡。

（5）Wave 和 MIDI：Wave（音效合成）和 MIDI（音乐合成）是声卡的两项主要功能。

Wave：音效合成由声卡的 A/D 和 D/A 数模转换器完成。模拟音频信号经 A/D 转换为数字音频后，以文件形式存放在存储介质上，成为以.wav 为扩展名的声音文件，也称为 wav 文件。WAVE 音效可以逼真地模拟出自然界的各种声音效果。

MIDI：MIDI（乐器数字化接口）是一种用于微型计算机与电子乐器之间进行数据交换的通信标准。MIDI 文件（以.mid 为文件扩展名）记录了用于合成 MIDI 音乐的各种控制指令，包括发声乐器、所用通道、音量大小等。MIDI 文件回放需要通过声卡的 MIDI 合成器，合成的方式有 FM（调频）与 Wave table（波表）两种。FM 合成是通过振荡器产生正弦波，然后叠加成各种乐器的波形。振荡器成本较高，即使是 OPL3 的 FM 合成器也仅提供 4 个振荡器，只能产生 20 种复音，并且发出的音乐带有明显的人工合成色彩，大多数廉价的声卡采用 FM 合成方式。波表合成采用真实的声音样本进行回放，声音样本记录了各种真实乐器的波形采样，保存在声卡的 ROM 或 RAM 中（卡上有 ROM 或 RAM 存储器的声卡即波表声卡）。中高档声卡都采用了波表合成技术。

（6）输出信噪比：输出信噪比是衡量声卡音质的一个重要因素，即输出信号电压与同时输出的噪音电压的比值，单位是分贝。该数值越大，表示输出信号中被掺入的噪声越小，音质越好。微型计算机内部的电磁辐射干扰很严重，所以集成声卡的信噪比很难做得很高，一般集成声卡的信噪比仅 80 dB 左右。PCI 声卡拥有较高的信噪比（90 dB，高者达 195 dB 以上）。

（7）API：应用程序编程接口（Application Programming Interface，API）包含许多关于声音定位与处理的指令和规范。它的性能的高低直接影响 3D 音效的表现力。

10.5 扬 声 器

扬声器（俗称"音箱"）是将电信号还原为声音信号的一种物理装置，如图 1-10-16 所示。

图 1-10-16　扬声器

1．音箱的种类

（1）从电子学角度来分，音箱分为无源音箱和有源音箱两大类。

无源音箱：没有电源和音频放大电路的音箱，仅在塑料压制或木制的音箱中安装两只扬声器，靠声卡的音频功率放大电路输出声音。这种音箱的音质和音量主要取决于声卡的功率放大器。

有源音箱：普通无源音箱中增加功率放大器，使功放与音箱合二为一，音箱不必外接功放，能直接将接收到的微弱的音频信号放大输出。

（2）按封装式样来分，可将音箱分为倒相式和密闭式两种。

密闭式音箱：在封闭的箱体内装上扬声器构成。

倒相式音箱：按照赫姆霍兹共振器的原理设计，在封闭箱体的前面或后面面板上装有圆形的倒相孔。倒相式音箱的优点是灵敏度高、承受的功率较大、动态范围广。

2．音箱的性能指标

（1）功率：分为标称功率和最大承受功率。

标称功率：标称功率即额定功率，为音箱长期稳定工作的功率标准。以漫步者 S2.1 音箱为例，其标称功率为 80 W，就是说 S2.1 可以长期稳定工作的功率最高为 80 W。如果音箱经常工作在高于 80 W 的功率下，就很容易损坏。

最大承受功率：最大承受功率指扬声器短时间所能承受的最大功率。如影片在高潮部分时，往往采用震撼人心的音乐效果来渲染，此时音箱发出的声强会超出音箱的标称功率，超出的声强值需要限制，这个限制值就是音箱的最大承受功率。

（2）失真：分为谐波失真、互调失真和瞬态失真 3 种。

通常所说的失真是谐波失真。谐波失真指声音回放过程中增加了原信号没有的高次谐波成分而导致的失真。真正影响音箱品质的失真是瞬态失真。因为扬声器具有一定的惯性质量存在，瞬间变化的电信号的震动，导致原信号与回放音色之间存在差异。一般多媒体音箱的失真度应小于 0.5%，低音炮的失真度小于 5%。

（3）灵敏度：这是衡量音箱效率的一个指标，灵敏度与音箱的音质音色无关。普通音箱的灵敏度一般在 85～90 dB 之间，高档音箱则在 100 dB 以上。灵敏度的提高往往以增加失真度为代价，对高保真音箱来说，要保证音色的还原程度与再现能力，必须降低对灵敏度的一些要求。

（4）频率范围：指最低有效回放频率与最高有效回放频率之间的范围。一般情况下，人能听到的音频信号为 20 Hz～20 kHz 之间的不同频率、不同波形、不同幅度的变化信号。优秀放大器的频响范围一般在 18 Hz～20 kHz 之间。

（5）信噪比：放大器输出信号的电压与同时输出的噪声电压之比即为信噪比。信噪比越大，混在信号中的噪声越小，声音回放的质量越高。信噪比一般不应该低于 70 dB，高保真音箱的信噪比应达到 110 dB 以上。

（6）频率响应：指以恒电压输出的音频信号与音箱系统相连接时，音箱产生的声压随频率的变化而发生增大或衰减、相位随频率发生变化的现象，这种声压和相位与频率相关联的变化关系称为频率响应。频率响应与音箱的性能和价位有着直接的关系，数值越小音箱的频响曲线越平坦、失真越小、性能越高。

（7）扬声器材质：多媒体音箱通常是双单元二分频设计，一个较小的扬声器负责中高音的输出，另一个较大的扬声器负责中低音的输出。因此，尽可能选择材质好的音箱，减少高频信号的生硬感，能给人以温柔、光滑、细腻的感觉。

小　　结

输出设备是计算机外围设备中的重要设备之一。计算机科学的发展已将显示设备、对显示设备的要求（GPU）提到了很高的高度。读者要重点理解和掌握显示设备所具有的性能指标，输出设备对信息输出的数据处理知识。要了解 LCD 显示器的工作原理，掌握 LCD 显示器的选购要点及 TCO 认证标准知识。

习　　题

一、填空题

1. 目前，主流声卡的总线接口是_____。
2. _____是显卡的"心脏"，处理图像的工作效率远高于 CPU。3D 显卡依靠_____完成对三维图像和特效功能的处理，具有_____功能。
3. 显卡最基本的性能指标有_____、_____、_____、_____等。
4. 液晶显示器的性能指标有_____、_____、_____、_____、_____、_____、_____、_____、_____、_____等。

二、简答题

1. 什么是 GPU? 它与 CPU 的区别是什么?
2. 显卡与显示器的关系是什么? 如何选购显卡?
3. 显示器的工作原理是什么? LCD 显示器有什么优点?
4. 刷新率对 CRT 显示器和 LCD 显示器分别有什么影响?
5. 什么是 TCO 认证? TCO 认证有哪些标准?
6. 简述声卡的功能及性能指标。何为 5.1 声卡? 何为 7.1 声卡?
7. 无源音箱和有源音箱有什么区别?

第11章 网络设备

本章介绍网络设备，包括 Modem、ADSL Modem、网卡、网线、路由器、交换机。重点了解和掌握 ADSL 的原理，网线水晶头排线的排列方式，路由器、交换机的主要性能指标等。

11.1　Modem

Modem（Modulator Demodulator），俗称"猫"，专业术语称为调制解调器，属单机上网设备。

1. 分类

从传输速率上来讲，调制解调器经历了 4 800 bit/s、9 600 bit/s、14.4 kbit/s、33.6 kbit/s 和 56 kbit/s 的发展历程。

调制解调器按接口形式可分为外置式和内置式 2 种。

（1）外置式调制解调器分串行接口和 USB 接口两种，如图 1-11-1 所示。

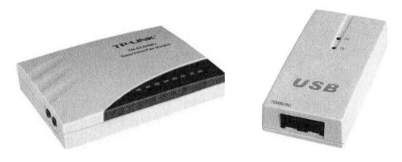

图 1-11-1　外置式调制解调器

Modem 前方的一排指示灯分别表示如下（产品不同，所对应的指示灯位置不同）：

① HS（High Speed）：调制解调器最高速度指示。

② AA（Auto Answer）：自动应答指示。

③ CD（Carrier Detect）：载波检测指示。

④ OH（Off Hook）：连接电话线指示。

⑤ SD（Send Data）：发送数据指示。

⑥ RD（Received Data）：接收数据指示。

⑦　TR（Terminal Ready）：端口准备指示。

⑧　PWR：电源指示。

⑨　MR（Modem Ready）：开机指示。

（2）内置式调制解调器：内置式调制解调器安插在微机主板上的扩展槽中，不需外接电源。按接口分，有 ISA、PCI 和 AMR 3 种。

①　ISA 接口的调制解调器已淘汰。

②　PCI 接口的内置 56 kbit/s 卡式调制解调器如图 1–11–2 所示。

③　AMR 接口是一种应用在主板上的接口技术，它主要针对声音和内置调制解调器设计。

图 1–11–2　内置式调制解调器

2. 性能指标

调制解调器的性能指标主要有：

1）传输速率

传输速率越快，传输效率越高。调制解调器的传输速率是 56 kbit/s（每秒传输的数据量最高达 56 kbit/s）。

2）通信协议

调制解调器遵循国际电信联盟（ITU）制定的 V.90 协议。V.90 协议在波特率、比特率、每秒字符、端口、线路速率等方面做了定义。

3）流量控制

流量控制是协调 Modem 与计算机之间传输的数据流，以防止计算机和 Modem 之间可能的通信处理速度不匹配而引起的数据丢失。

4）载波速率与终端速率

载波速率是调制解调器之间通过电话线路能够达到的数据传输速度，终端速率是 Modem 与计算机之间的连接速度。

3. 结构和主芯片

调制解调器的主要构成是 D/A、A/D 转换及通信芯片。市场上调制解调器采用的主芯片主要有 Rockwell 和 TI。

（1）Rockwell 由 Rockwell 公司下属的专门针对通信芯片市场提供产品的 Conexant 系统公司开发。众多知名厂商采用 Rockwell 芯片生产自己品牌的调制解调器，其中包括 HAYES、DIAMOND、GVC 等产品。

（2）TI（Texas Instruments）是美国德州仪器公司生产的芯片。U.S.Robotics 的黑、白双猫采用该 TI 芯片。

11.2　ADSL Modem

ADSL（Asymmetric Digital Subscriber Line，非对称数字用户线路）Modem 通过普通电话线路传输。ADSL 采用 DMT（离散多音频）技术，将普通电话线路 0 Hz～1.1 MHz 之间的频段划分成 256 个频宽为 4.3 kHz 的子频带。4 kHz 以下的频段用于传送传统电话业务；20 kHz～138 kHz 之间的频段用于传送上行信号，速率可达 1 Mbit/s；138 kHz～1.1 MHz 之间的频段用于传送下行信号，速率最高可达 8 Mbit/s。当前 ADSL 的传输速率为 512 kbit/s～2 Mbit/s，该传输速率为一个用户独享带宽，即可上网，也可同时打电话。

　　ADSL 适用于局域网和家庭用户上网以及家庭组网。ADSL Modem 同样分外置式和内置式两种，图 1-11-3 所示为外置式 ADSL Modem，图 1-11-4 所示为内置式 ADSL Modem。

图 1-11-3　外置式 ADSL Modem　　　　　　图 1-11-4　内置式 ADSL Modem

　　（1）使用外置式 ADSL 时应在计算机内安装一个网卡，ADSL 与网卡之间用一条交叉网线连通，ADSL 另一端由一条两芯电话线与一滤波器连接，如图 1-11-5 所示。

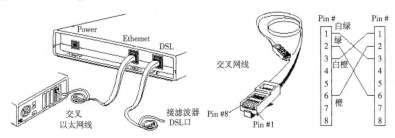

图 1-11-5　ADSL 的连接

　　（2）ADSL Modem 的接口方式主要有以太网、USB 和 PCI 3 种。

　　① USB 接口方式适用性广，性价比好，使用方便。

　　② PCI 接口方式适用于家庭用户，它们的性价比好，小巧、方便、实用。

　　③ 外置型以太网接口的 ADSL Modem 适用于企业和办公室的局域网，它可以供多台微机上网。外置型以太网接口带路由功能的 ADSL Modem 支持 DHCP、NAT、RIP 等功能，具有自己的 IP POOL（IP 池），可以给局域网内的用户自动分配 IP 地址。

11.3　网　　卡

　　网卡（Network Interface Carl，NIC）又称网络卡或网络接口卡，它的作用是将微机发往网络的数据分解为适当大小的数据包，再向网络发送。每块网卡有一个唯一的网络结点地址，该地址由网卡生产厂家在网卡生产时烧入 ROM 中。按上网方式分，网卡可分为有线网卡和无线网卡两大类。

1．有线网卡

有线网卡按总线类型划分，可分为 ISA、VESA、EISA、PCI 等几种。

当前使用的网卡主要是以太网网卡。按传输速率来分，有线网卡分为 10 MB 网卡，10/100 MB、10/100/1 000 MB 自适应网卡，千兆网卡主要用于高速服务器中。图 1-11-6 所示为 10/100/ 1 000 Mbit/s 的网卡。

（1）ISA 网卡分为 8 位和 16 位两种。已淘汰。

（2）VESA、EISA 网卡速度快，但价格较贵，市场很少见。

图 1-11-6　TP-Link TG-3269C 网卡

（3）PCI 接口的网卡理论带宽为 32 位 133 MB，有 10 Mbit/s、10/100 Mbit/s、10/100/ 1 000 Mbit/s PCI 自适应网卡等。自适应网卡为主流产品，它能根据需要自动识别连接网络设备的工作频率，然后自动工作于相应的带宽下。

2．无线网卡

无线网卡属终端无线网络设备。无线网卡所在地有无线路由器或属无线 AP 覆盖区，即可以无线的方式连接到无线网络，采用无线方式上网，如图 1-11-7 所示。

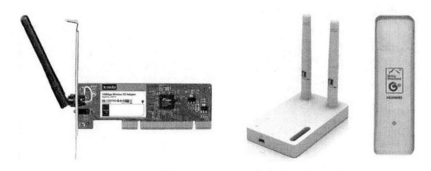

图 1-11-7　无线网卡

1）分类

按接口方式，无线网卡有台式机专用的 PCI 接口无线网卡、笔记本式计算机专用的 PCMCIA 接口无线网卡、USB 接口无线网卡、笔记本式计算机内置的 MINI-PCI 无线网卡等多种。

2）原理

无线上网需要有线 Internet 的线路接入，将信号转化为无线信号发射出去，再由无线网卡接收。无线网卡相当于接收器，无线路由器相当于发射器。

3）性能指标

（1）频率范围：2.412～2.484 GHz unlicensed ISM band。

（2）传输速率：主流速率为 54 Mbit/s 和 108 Mbit/s。

（3）传输功率：网卡（27±1）dBm，天线 5 dBi。

（4）接受灵敏值：54 Mbit/s：< -70 dBm@8%PER。

（5）传输范围：户外无遮蔽 1 000 m，采用高增益天线可达 3 000 m 以上。

（6）消耗功率：传输<500 mA；接收<270 mA。

（7）加密：WEP（64/124/256bit），WPA，WPA-PSK，WPA2，TKIP/AES，WPA2-PSk。

3. 接口类型

网卡的接口类型有 RJ-45 水晶口、BNC 细缆口、AVI 等，以及二合一、三合一综合性网卡。

（1）RJ-45 插口采用 10 BASET 双绞线的网络接口，一端是网卡的 RJ-45 插口，另一端是集线器 Hub 上的 RJ-45 插口。

（2）BNC 接口（已淘汰）采用 10BASE2 同轴电缆的接口类型，与带有螺旋凹槽的同轴电缆上的金属接头相连（如 T 形头等）。

（3）AVI 接口很少被采用。

（4）服务器专用网卡。

（5）USB 接口的网卡一般为外置式，一端为 USB 接口，另一端为 RJ-45 接口。有 10 MB 和 10/100 MB 自适应两种。

（6）笔记本专用网卡既能访问局域网又能连接互联网的局域网/Modem 网卡，一端口为电话接口，一端口为 RJ-45 接口。

11.4 网　线

局域网中常见的网线主要有双绞线、同轴电缆、光缆等 3 种。

（1）同轴电缆：由一层层的绝缘线包裹着中央铜导体的电缆线，它的特点是抗干扰能力好，传输数据稳定，价格便宜，使用广泛（如闭路电视线等）。

（2）光缆：光缆（光纤）的特点是抗电磁干扰性极好，保密性强，速度快，传输容量大。

网线制作
实训操作

（3）双绞线：由 4 对线组成的数据传输线。这 8 根线的布线规则是 1、2、3、6 线有用，4、5、7、8 线闲置，采用 RJ-45 水晶头连接。

① 双绞线的分类。双绞线有 STP 和 UTP 两种：STP 双绞线内有一层金属隔离膜，数据传输时可起到减少电磁干扰的作用，稳定性较高。UTP 双绞线内没有金属膜，所以它的稳定性较差，优势是价格便宜，如图 1-11-8 所示。

② 水晶头排线的排列。双绞线采用 RJ-45 水晶头连接，分平行线连接和交叉线连接两种方式。

平行线连接：两头采用同样的标准（同为 568A 或同为 568B）。平行线连接主要用于交换机、调制解调器到计算机的连接，交换机普通端口到交换机普通端口的连接。

图 1-11-8　UTP 双绞线

交叉线连接：一端按照 568A 标准，另一端按照 568B 标准。交叉线连接主要用于两台计算机直接连接、路由器到交换机、交换机到交换机的连接。

568A 标准：白绿，绿，白橙，蓝，白蓝，橙，白棕，棕。

568B 标准：白橙，橙，白绿，蓝，白蓝，绿，白棕，棕。

将双绞线线芯按上述接法排列好，用打线钳剪齐，插进 RJ-45 水晶头内压下钳把即可。然后用测试仪测试制作是否成功。

11.5　路由器与交换机

1．路由器

路由器（Router）又称路径选择器，是一种连接多个网络或网段，具有很强异种网互连能力，连接对象包括局域网和广域网的网络设备。当数据从一个子网向另一个子网传输时，路由器能够确定数据传输的网络地址和数据转发的最佳路径，如图 1-11-9 所示。

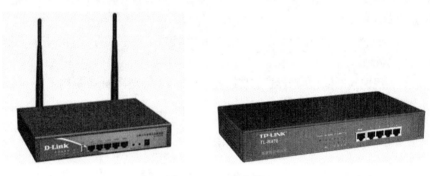

图 1-11-9　路由器

（1）路由器构成：路由器由输入端口、输出端口、交换开关和路由处理器等构成。

（2）接口种类：家庭用路由器的接口种类有 10 MB 以太网接口、快速以太网接口、10/100 MB 自适应以太网接口等。

（3）主要性能指标：

① 全双工线速转发能力：指以最小包长（以太网 64 字节、POS 口 40 字节）和最小包间隔（符合协议规定），在路由器端口上同时双向传输不引起丢包。

② 设备吞吐量：转发包数/每秒。设备吞吐量通常小于该路由器所有端口吞吐量之和。

③ 端口吞吐量：指路由器端口包转发能力，为 pps（包/每秒），与接口位置及关系相关。通常采用两个相同速率的接口测试。

④ 背靠背帧数：指以最小帧间隔发送最多数据包时，不引起丢包的数据包数量。

⑤ 路由表能力：指路由表内能够容纳路由表项的最大数量。

⑥ 热插拔组件：更换部件时不影响路由器的工作。所以，具有热插拔功能是路由器 24 小时工作的保障。

⑦ 丢包率：在吞吐量范围内测试，丢失数据包数与发送数据包数的比率。丢包率与数据包的长度以及包发送频率相关。

2．交换机

交换机是一种用于电信号转发的网络设备。工作中，它可以是接入交换机，需要互连的任意两个网络结点连接起来，提供独享的电信号通路，如图 1-11-10 所示。

1）交换机分类

按使用范围，网络交换机分为广域网交换机和局域网交换机两种。广域网交换机主要用于电信领域；局域网交换机用于终端设备的连接。

图 1-11-10　交换机

从传输介质和传输速度上，交换机分为以太网交换机、快速以太网交换机、千兆以太网交换机、FDDI 交换机、ATM 交换机和令牌环交换机等。

2）工作原理

交换机工作在数据链路层。交换机的控制电路收到数据包以后，立即查找内存中的地址对照表以确定目的 MAC 的 NIC 端口地址，通过内部交换矩阵迅速将数据包传送到目的端口。所以，交换机是一种基于 MAC 地址识别，能完成封装转发数据包功能的网络设备。

3）性能指标

（1）RAM 大小：一般来说，RAM 越大越好。

（2）背板带宽：交换机硬件设计的最大带宽，各转发芯片需沿着背板通道将数据报文交由交换芯片（Unified Switch Fabric）处理。

（3）交换容量：指转发芯片能够处理的数据转发量，一般来说交换容量小于背板带宽（否则会出现拥塞）。

（4）端口速率：端口包的转发能力，通常由 pps 衡量。

（5）支持 VLAN 数：可以强化网络管理和网络安全，不同厂商的交换机对 VLAN 的支持能力不同，支持 VLAN 的数量也不同。

（6）可否网管：应具有网管功能。

3．路由器与交换机的区别

路由器与交换机的区别即是它们在网络中的作用和功能，如图 1-11-11 所示。

路由器的主要作用在于连接不同的网段或网络，找到数据在网络中最合适的传输路径。路由器能够提供防火墙服务。路由器较交换机功能大，速度较交换机慢，价格昂贵。

图 1-11-11　路由器与交换机的区别

交换机又称交换式集线器，简单的理解是能够将多台计算机连接起来，组成局域网的设备。

小　　结

本章介绍了网络设备。要求理解和掌握 Modem、网卡的主要构成原理，路由器、交换机的工作原理，路由器主要性能指标的含意以及与交换机的区别。

习　题

一、填空题

1. ADSL 通过电话线上网，_____频段用于传送传统电话业务，_____到_____频段用于传送上行信号，速率可达 1 Mbit/s；_____～_____频段用于传送下行信号，速率最高可达 8 Mbit/s。

2. 局域网中常见的网线主要有_____、_____、_____3 种。

3. 光缆的特点是抗电磁干扰性极好，_____、_____、_____。

二、简答题

1. 网卡的作用是什么？

2. ADSL 上网的速率最高可达 8 Mbit/s，但上网下载资料显示出来的下载速率最多只有×××bit/s，为什么？

3. 水晶头排线如何排列？

4. 路由器与交换机在网络中的作用和功能分别是什么？

第**12**章 | 办 公 设 备

12.1 打 印 机

打印机是微机的重要输出设备之一，其功能是将微机的运行结果输出打印在纸上，形成文本。打印机是办公场所必备的设备之一。

市场上打印机产品按色彩分类，有彩色和黑白打印机两大类；按工作性质，有专用和通用打印机两大类；按工作原理，有针式打印机、喷墨打印机、激光打印机和专用打印机4种。

1. 针式打印机

针式打印机通过打印头中的针击打复写纸，在复写纸上形成点阵式字体，使用中，可以根据需求采用多联纸张（2联、3联、4联、6联纸）一次性完成打印。目前，医院窗口、银行窗口、邮局窗口等行业，都使用针式打印机完成各项单据的复写等。

2. 喷墨打印机

喷墨打印机按工作原理分为固体喷墨和液体喷墨两种。液体喷墨打印机按工作方式又可分为气泡式与液体压电式。喷墨打印机如图1-12-1所示。

图1-12-1 喷墨打印机

1）工作原理

（1）压电喷墨技术：将许多小的压电陶瓷放置到喷墨打印机的打印头喷嘴附近，利用其在电压作用下会发生形变的原理，适时地施加适当的电压于其上。在施加的电压下，压电陶瓷产生伸缩将喷嘴中的墨汁喷出，使之在输出介质的表面形成所需要的文字和图案。

（2）热喷墨技术：让墨水通过细喷嘴，在强电场的作用下将喷头管道中的部分墨汁汽化，形成一个个气泡，将喷嘴处的墨水顶出喷射到输出介质的表面，形成人们所需要的图案或字符。所以，热喷墨打印机又称为气泡打印机。

2）性能指标

打印机的主要性能指标有如下几点：

（1）分辨率：打印分辨率是重要的技术指标之一。分辨率的单位是dpi（dot per inch，每英寸打印的点数），一般来说分辨率越高，打印的精度越高。

（2）色彩还原：真实还原照片色彩的难度远比打印出精细的图像大。喷墨打印机墨水的色彩数目越丰富，最终形成的照片色彩越连续、越自然、越富有层次感。

打印机厂商为照片级产品配备的墨水色彩数为 6 色。

（3）打印幅面：一般 A3、A4 纸打印为主。

（4）打印内存：打印机自带的打印内存大些为好。

（5）打印速度：打印机文本输出的速度，单位为 CPS（Character Per Second，字符/秒）或 PPM（Pagers Per Minute，页/分钟）。打印速度依次为针式打印机 < 喷墨打印机 < 激光打印机。

（6）打印效果：不同种类、不同产品的打印机，打印的效果差别很大。

（7）耗材（墨及墨盒）：喷墨打印机的耗材费用较高。

（8）彩色打印：喷墨打印机彩色打印的性价比高。

3. 激光打印机

激光打印机打印的质量好、速度快、无噪声，是打印机市场的主流产品，如图 1-12-2 所示。

1）工作原理

激光打印机由三大部分组成：光学部件、纸路部件、清理部件。激光打印机的打印流程为激光器扫描→曝光→感光→显影→定影→分离。

激光打印机的工作原理为：通过激光器发射的激光束，经反射镜射入声光偏转调制器。同时，由计算机送来的二进制图文点阵信息，从接口送至字形发生器，形成所需字形的

图 1-12-2   激光打印机

二进制脉冲信息，由同步器产生的信号控制 9 个高频振荡器，再经频率合成器及功率放大器加至声光调制器上，对由反射镜射入的激光束进行调制。调制后的光束射入多面转镜，再经广角聚焦镜把光束聚焦后射至光导鼓（硒鼓）表面上，使角速度扫描变成线速度扫描，完成整个扫描过程。

硒鼓表面先由充电极充电，在获得一定电位后，经载有图文映像信息的激光束曝光，硒鼓表面将形成静电潜像；然后经过磁刷显影器显影，潜像转变为可见墨粉像；经过转印区时，在转印电极的电场作用下，墨粉转印到普通纸上，最后经预热板以及高温热滚定影，最终在纸上熔凝出文字和图像。

上述过程完成了一张文本的打印操作。打印下一张文本前，清洁辊把未转印走的墨粉清除掉，消电灯清除鼓上残余的电荷，再由清洁纸对系统做一次彻底的清洁处理，然后进入新一页文本的打印周期。

2）性能指标

（1）分辨率：分辨率越高打印质量越好。

（2）打印内存：标配的打印内存容量越大越好。

（3）打印幅面：A4、A3 纸打印为主。

（4）耗材（墨粉及硒鼓）：所有种类打印机中，激光打印机耗材的性价比高。

（5）打印速度：激光打印机的打印速度是所有种类打印机中最快的。

（6）打印质量及文档保存：激光打印在最后的定影环节中，强大的压力和热量使碳粉融化并深深嵌入到纸张纤维中，对于文档的长期保存十分有利。所以激光打印的打印质量高。

（7）彩色打印：激光打印机的彩色打印效果很好，但价格太高。

3）接口类型

激光打印机采用的接口有主要有 IEEE 1394 和 USB 等。

4．专用打印机

当前的专用打印机主要用于票据打印方面。

12.2　扫　描　仪

扫描仪是一种捕获图像（照片、文字页、图形和插画等），并将其转换为数字格式文件的设备。由扫描仪生成的文件可以传输到计算机内，可以进行显示、编辑、存储和输出等处理。扫描仪是专用的办公设备之一，如图 1-12-3 所示。

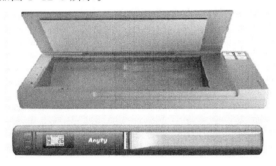

图 1-12-3　扫描仪

1．工作原理

扫描仪是一种光机电一体化的高科技产品，内部基本组成部件有光源、光学透镜、感光元件，还有一个或多个模拟-数字转换电路。扫描仪获取图像的方式是：将光线照射到被扫描材料上，由 CCD 光敏元件接收反射光线并实现光电转换。

扫描仪的感光元件一般采用电荷耦合器件（Charge Coupled Device，CCD）。电荷耦合器排列成横行，它的每一个单元对应一行中的一个像素。扫描一幅图像时，光源照射到图像上产生反射；反射光穿过透镜到达感光元件，电荷耦合器把接收到的光信号转换成模拟信号（电压），同时量化出像素的灰暗程度；然后将模拟信号传送给模拟/数字转换电路；由模拟/数字转换电路再把模拟信号转换成数字信号并予以保存。

2．分类

根据工作原理的不同，扫描仪可分为 5 种类型。

（1）手持式扫描仪：采用反射式扫描，扫描头较窄，一般扫描较小的稿件、照片、商品的条形码等。手持式扫描仪以黑白产品居多，分辨率较低，一般在 600 dpi 以内。

（2）馈纸式扫描仪：扫描仪的早期品种，与当前主流平板式扫描仪的最大区别是被扫描对象运动，感光元件静止。工作原理类似传真机。

（3）滚筒式扫描仪：大幅面（A2～A0）的工程扫描仪都采用滚筒式。滚筒式扫描仪以一套光电系统为核心，通过滚筒的旋转带动扫描件运动从而完成扫描工作。滚筒式的优点是处理幅面大、精度高、速度快。滚筒式扫描仪占地面积大，相对造价昂贵，很难大范围推广，如图 1-12-4 所示。

图 1-12-4　滚筒式扫描仪

（4）平板式扫描仪：是当前占据市场主流的扫描仪，它的扫描区域是一块透明玻璃，幅面为 A4～A3 不等。扫描件放在扫描区域内，扫描件不动，光源通过扫描仪的传动机构做水平移动。发射的光线照在扫描件上经反射（正片扫描）或透射（负片扫描）后，由接收系统接收并生成模拟信号，模拟信号通过 A/D 转换装置转换成数字信号后传送给微机，再由微机进行相应的处理。平板式扫描仪按感光器件分有 CCD（Charged Coupled Device，电荷耦合器件）和 CIS（Contact Image Sensor，接触式图像传感器）两种。

（5）专用胶片扫描仪：这种类型的扫描仪一般应用于专业领域，如医院、高档影楼、科研单位等。专用胶片扫描仪的分辨率很高，扫描区域较小，具备针对胶片特性的处理功能，多数产品还具有配套的输出设备，可实现照片级质量的输出。

3. 技术指标

扫描仪的主要技术指标有以下几种：

（1）分辨率：扫描仪的主要技术指标，指每英寸扫描图像包含像素点的个数。分辨率决定了扫描仪所扫描记录图像质量的高低。

（2）色彩位数（色彩深度）：反映扫描仪对扫描图像色彩范围的辨析能力。扫描仪的色彩位数越多，越能真实地反映原始图像的色彩，扫描仪所反映的色彩越丰富，扫描的图像效果越真实，生成图像文件的体积也越大。

（3）感光元件：扫描仪的关键部件，主要有电荷耦合器（CCD）和接触式感光元件（CIS）两种。与 CCD 相比，采用 CIS 感光元件的扫描仪具有体积小、重量轻、器件少和抗震性较高的优点，生产成本低。

（4）扫描幅面：常见的扫描仪幅面有 A4、A4 加长、A3、A1、A0 等。

（5）其他指标：有些扫描仪的机械结构采用全钢板结构；大部分扫描仪采用塑板结构，不耐用。

（6）接口：扫描仪采用的接口有并口、SCSI、IEEE 1394 和 USB 等。

4. 产品列举

1）EPSON 产品

EPSON 的 Perfection V10 扫描仪为平板彩色扫描仪，其光学分辨率为 3 200×9 600 dpi，最大扫描幅面为 A4 幅面，色彩位数为 16 bit，扫描速度为 14.0 ms/线，配备 USB 2.0 接口，附带 EPSON Scan Version 3.0 软件，如图 1-12-5 所示。

2）汉王产品

汉王 E 摘客 V16 手持式扫描仪的光学分辨率为 400 dpi，扫描速度为 10.0 ms/线，配备 USB 和红外线接口，扫描幅面尺寸为 163 mm×38 mm×23 mm，如图 1-12-6 所示。

图 1-12-5　EPSON Perfection V10

图 1-12-6　汉王 E 摘客 V16

3）明基产品

明基的 7650 扫描仪为平板式扫描仪，其光学分辨率为 2 400×4 800 dpi，色彩位数达到 48 bit，配备 USB 2.0 接口，附带 Photofamily 电子相册王和拼接精灵软件，如图 1-12-7 所示。

图 1-12-7　明基 7650

12.3　数码照相机

数码照相机是一种能够进行拍摄，通过内部的处理能直接把拍摄到的景物转换为数字格式的图像文件，并以文件方式存储的特殊照相机。图 1-12-8 所示为两款数码照相机。

图 1-12-8　数码照相机

1. 分类

数码照相机根据结构和功能分为卡片机、单镜头反光相机、长焦数码照相机、专业便携数码照相机、广角照相机、家用数码照照相机、防水照相机等。

2. 工作原理

感光器是数码照相机的核心成像部件，感光器有两种：一种是 CCD（电荷耦合）元件；另一种是 CMOS（互补金属氧化物导体）器件（与扫描仪相似）。

（1）数码照相机通过感光器获取景物；然后通过模/数转换器（Analog to Digital Converter, ADC）

把模拟信号转换为数字信号；再应用联合图像专家组（Joint Photographic Experts Group, JPEG）把得到的图像数据转换为 JPEG 格式的文件保存到存储设备。

（2）照相图片的显示输出：从存储设备中读取 JPEG 格式的文件，通过数字信号处理器（Digital Signal Processor，DSP）把数字信号转化为模拟信号，通过输出设备输出。

3．性能指标

数码照相机的主要性能指标有以下 5 个：

1）CCD 像素和分辨率

（1）CCD 像素的高低是衡量数码照相机质量的主要标准。

（2）图像分辨率即数码照相机的像素，由照相机中光电传感器的光敏元件数决定，一个光敏元件对应一个像素点。像素越大，光敏元件越多，相机成本越高。数码照相机标示的 CCD 像素越高，解晰度越高，捕捉的画面越精细。例如，CCD 为 334 万像素的相机，最大分辨率 2 048×1 536，则：

$$相机的像素（实际有效像素）= 2\,048 \times 1\,536 \approx 314 \times 10^4$$

2）色彩位数

色彩位数即颜色深度，24 位即 2 的 24 次幂，24 位色表示在某个像素点上共有 1 667 万种颜色供选择。一般来说，24 位色以上能够真实地表达自然界的色彩，被称为真彩色。

3）感光度

ISO 感光值为传统相机底片对光线反应的敏感程度测量值。不同数码照相机 CCD 对光线的灵敏度不同，称为"相当感光度"。相当感光度是数码照相机的一个重要指标，它直接影响拍摄图像的效果。理论上讲，相机的感光度越高，相机的适应范围也越广。

4）存储介质

当前数码照相机的图像存储介质有 CF 卡、SD 卡等。

5）传输方式

数码照相机所拍摄的图像一般需要输入到微机中处理。采用 USB 接口既连接方便，传输的速度又快。有些数码照相机还提供有 IrDA 红外线接口，带视频输出接口的数码照相机可在电视机上直接欣赏所拍摄的照片、图像。

4．数码照相机中照片的输出

将数码照相机中的照片导入计算机通常有两种方法：一是利用数码照相机自带软件和 USB 连接电缆导入，二是利用读卡器直接将存储卡中的照片导入，具体操作如下：

（1）打开相机底部的舱盖，取出存储卡。

（2）将存储卡按读卡器标注的箭头方向插入读卡器中。

（3）双击"我的计算机"图标，打开"我的计算机"窗口。双击"可移动磁盘"图标，打开"可移动磁盘"操作窗口。

（4）双击"DCIM"文件夹，显示保存数码照片的文件夹。

（5）执行"复制""粘贴"操作，把数码照相机存储卡中的照片复制到计算机中指定的位置。

5．产品列举

1）佳能产品

佳能 IXUS220 HS 数码照相机的有效像素数为 1 210 万，液晶屏尺寸为 2.7 英寸、23 万像素液晶屏，光学变焦倍数为 5 倍；存储卡：MMC/MMCplus/HC MMCplus/SD/SDHC，快门速度为 1/5～1/2 000 s，焦距（等效 35 mm）为 24～120 mm；光学防抖；自动对焦：单次自动对焦（自动时为连续自动对焦），伺服自动对焦（伺服自动曝光）；智能面部优先，自动跟踪对焦；采用 USB 2.0 接口，AV 输出；锂电池（NB-4L），如图 1-12-9 所示。

图 1-12-9　佳能 IXUS220 HS

2）索尼产品

索尼 H9 数码照相机为长焦数码照相机。其有效像素数为 808 万；液晶屏尺寸为 3 in；光学变焦倍数为 15 倍；采用索尼长、短记忆棒存储卡；快门速度为自动（1/4～1/4 000 s）；焦距（相当于 35 mm，相机为 31～465 mm）；对焦方式有：自动对焦、手动对焦、微距自动对焦；配备卡尔·蔡司镜头；镜头结构为 8 组 13 片（包括非球面镜 4 片、ED 镜片 1 片）；镜头直径为 74 mm（含转接环）；配备 USB 2.0 接口，锂离子电池 NP-BG1、AC 电源适配器 DC4.2V，如图 1-12-10 所示。

3）奥林巴斯产品

奥林巴斯 FE-320 数码照相机为卡片、长焦数码照相机；其有效像素数为 1 600 万；液晶屏尺寸为 3 in 46 万像素液晶；光学变焦倍数为 12.5 倍；存储卡类型为 SD/SDHC/SDXC 卡；快门速度：1/2～1/2 000 s；传感器尺寸为 1/2.3 inCCD；等效 35mm，焦距：24～300 mm，4 倍数码变焦；配备奥林巴斯镜头；配备 USB 2.0 接口、AV 视频接口；配备 LI-50B 锂电池。该机还配备 720P 高清摄像功能，如图 1-12-11 所示。

图 1-12-10　索尼 H9

图 1-12-11　奥林巴斯 VR360

12.4　复　印　机

复印机能够满足原稿等倍、放大或缩小等复制要求，复印的速度快，操作简便，印件印数不多时较为经济。复印机（静电复印）已成为最重要的办公自动化设备之一。

1．工作原理

静电复印利用硒、氧化锌、硫化镉和有机光导体等为光敏材料，利用静电感应的原理，使带静电的光敏材料表面接受原稿图像的曝光，利用影像使局部电荷随光线强弱发生相应的变化存留静电潜影，然后经干法显影、转印和定影等过程最终得到复制件。

2．分类

1）间接式静电复印

间接式静电复印法即卡尔逊静电复印，基于静电吸引原理。间接式静电复印法主要分为充电、曝光、显影、转印、分离、定影、清洁、消电 8 个基本步骤。

2）NP 静电复印法

NP 静电复印法有别于传统的卡尔逊静电复印法，它是卡尔逊静电复印法的改进和发展。NP 静电复印法主要由前消电/前曝光、一次充电（主充电）、二次充电/图像曝光、全面曝光、显影、转印、分离、定影、鼓清洁 9 个基本步骤组成。

小　结

本章将打印机、扫描仪、数码照相机、复印机等归纳为办公设备，意为了解它们在办公中的重要作用，读者应理解它们在数字化图形图像处理方面的工作原理。

习　题

一、选择题

1．一台最大分辨率是 2 048×1 536 的数码照相机，它的实际像素约为＿＿＿＿。

　　A．314 万像素　　　B．230 万像素　　　　C．180 万像素　　D．520 万像素

2．24 位色表示在某个像素点上共有＿＿＿＿种颜色供选择。

　　A．180 万　　　　　B．230 MB　　　　　　C．1 667 万　　　D．1.67 亿

二、填空题

1．数码照相机的档次以＿＿＿＿的像素值区分，市面上一般称"多少万像素"的数码照相机。选择数码照相机的＿＿＿＿像素值应根据需求决定。

2．色彩位数即颜色深度，24 位即＿＿＿＿，被称为＿＿＿＿。

三、简答题

1．选择打印机你会选择何种打印机，为什么？

2．简述扫描仪的主要技术指标。

3．简述数码照相机的主要技术指标。

4．CCD 是什么，它与哪些设备相关？

5．显示器、打印机、扫描仪、数码照相机的性能指标中都包含分辨率，该指标能够表明这些设备的什么特点？

第 2 篇

实　验

内容要点：

　　本篇主要讲解创建计算机系统、计算机系统优化、维护和维修的内容，在完成计算机软、硬件知识以及计算机商品知识的准备之后，要求读者自己动手实践：进行微型计算机主机的组装，完成 BIOS 的设置，创建一个计算机软件系统；为了进一步深入计算机的应用，需要了解注册表和进行计算机系统的优化；而要用好计算机，还需要掌握计算机维护和维修的知识和相应的动手能力。

实验 **1** │计算机系统的建立

本实验为微机主机的组装。实验内容有主机的组装操作，以及组装操作中的注意事项。要求读者进行主机组装的操作。

实验 1.1　主机的组装

1．实验背景

随着计算机和网络的发展，计算机已经进入了千家万户，成为人们学习和工作不可缺少的助手，因此掌握计算机硬件的组装是很有必要的，要求同学们熟悉每个硬件的接口特点和正确的插拔方法，掌握各硬件组件的组装流程和方法。

2．实验目的

掌握计算机主机的正确组装方法，安装电源、主板、CPU、内存、显卡、声卡、硬盘、光驱等，以及电源线、数据线、键盘、鼠标的连接等。

台式机硬件组装与认识：
兼容机

台式机硬件组装与认识：
品牌机

3．实验准备

要完成计算机主机的组装，首先要准备好组装所必需的工具，以及组装一台主机所需的配件。

（1）工具：组装计算机的工具主要有十字螺丝刀、一字螺丝刀、尖嘴钳、镊子、导热硅脂等。

（2）主机配件：主机的配件主要包括机箱、电源、主板、CPU、内存、硬盘、显卡、光驱以及数据线等。

4．实验内容

硬件的安装过程如下：

（1）选购微机配件。

（2）将主板放置于绝缘泡沫垫上。

（3）安装 CPU、CPU 风扇、内存。

（4）将主板装入主机机箱内，拧紧主板固定螺钉。

（5）安插主板电源线。

（6）安装显卡、声卡、网卡或内置式 Modem 等。

（7）安装面板跳线（电源开关、电源指示灯、硬盘指示灯、RESET 按钮、喇叭等）。

（8）盖上主机面板并拧紧固定螺钉。

（9）接插主机外电源线，接插主机与外围设备间的信号线等，完成硬件组装。

5．实验步骤

微型计算机主机组装包括：安装电源、主板、CPU、内存、显卡、声卡、硬盘、光驱等，以及电源线、数据线、键盘、鼠标的连接等。

提示：装机之前手接触一下金属导体，把手上的静电放掉，以免静电损坏配件。

1）安装 CPU

安装前，首先确认主板的 CPU 插座是否与所持 CPU 的架构匹配。具体操作如下：

（1）取出 CPU，移除 CPU 保护片时手指不能接触 CPU 的针脚，如图 2-1-1 所示。

（2）对齐 CPU 和可立扣的两个第一针脚指示器，用可立扣将 CPU 夹起，从中间按下两侧夹子，如图 2-1-2 中的箭头所示。

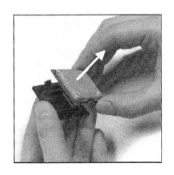

图 2-1-1　移除 CPU 保护片

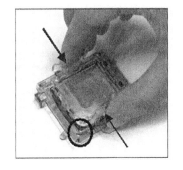

图 2-1-2　可立扣

（3）在安装 CPU 前，不要取下 CPU 插槽上的塑料保护盖，如图 2-1-3 所示。

（4）沿着底座压杆的一边取下塑料保护盖，如图 2-1-4 所示。

图 2-1-3　保护盖

图 2-1-4　取下保护盖

（5）认准 CPU 插座和 CPU 的定位角，如图 2-1-5 所示。

图 2-1-5　定位

（6）打开拉杆，然后打开 CPU 上盖，如图 2-1-6 所示。

（7）对齐可立扣上的三角形标记与 CPU 凹槽的斜边，并对齐可立扣上的四方形插槽上的钩子，如图 2-1-7 所示。

图 2-1-6　打开保护盖

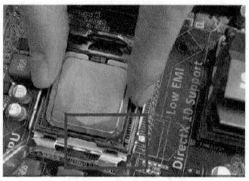

图 2-1-7　对准斜边

（8）用大拇指和中指夹住可立扣，食指轻轻地将 CPU 推入插座中，如图 2-1-8 所示。

（9）CPU 被安放到 CPU 插座中，如图 2-1-9 所示。

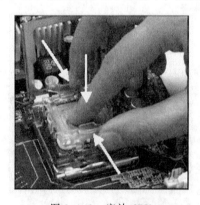

图 2-1-8　安放 CPU

图 2-1-9　CPU 放入插座

（10）确认 CPU 已安放到位，压下拉杆，如图 2-1-10 所示。

（11）轻轻压下拉杆，并将拉杆扣到插座边上的勾槽中，固定好 CPU。

2）涂抹散热硅胶

在 CPU 的核心部位及上层表盖上涂上散热硅胶，保证 CPU 与散热器能良好接触，以保证安装好的 CPU 能稳定地运行，如图 2-1-11 所示。

图 2-1-10　压下拉杆

图 2-1-11　涂散热硅胶

3）安装 CPU 散热风扇

（1）定位散热片到支撑机构上，如图 2-1-12 所示。

（2）下压风扇直到其 4 个卡子嵌入支撑机构的对应孔中，如图 2-1-13 所示。

图 2-1-12　定位散热片

图 2-1-13　安装风扇

（3）两个压杆分别向两个方向压下，固定好风扇，如图 2-1-14 所示。

（4）将风扇电源线安装到主板电源风扇的接头插座上，如图 2-1-15 所示。

图 2-1-14　紧固螺钉

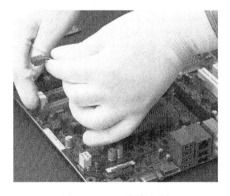

图 2-1-15　连接电源

提示： CPU 上一定要安装散热风扇，接好电源，然后测试风扇旋转是否正常，否则不能开机运行，以防烧坏 CPU。

4）安装内存

DDR2、DDR3、DDR4 内存的安装操作相同。安装步骤如下：

（1）掰开 DIMM 插槽两边的灰白色固定卡（要扳到位，否则内存可能装不上）。

（2）内存上的定位凹口应对准 DIMM 插槽中凸起的定位标志，如图 2-1-16 所示。

（3）双手均匀施力将内存压入（不能左右摇动地压入）插槽中，两边的槽卡会被压向内，当内存安插到位后，应能听见插槽两侧的固定卡子复位所发出"咔"的一声响，表明内存已经完全安装到位，如图 2-1-17 所示。

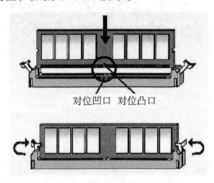

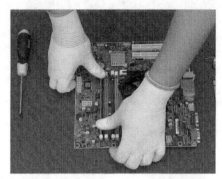

图 2-1-16　安装内存　　　　　　　　　图 2-1-17　内存到位

5）安装主板

（1）打开机箱面板，将（立式）机箱平放，如图 2-1-18 所示。

（2）安装支撑座。机箱的侧面底板上钻有很多预留的螺孔，应按所选主板的固定孔位，拧好主板的铜支撑螺钉，如图 2-1-19 所示。

图 2-1-18　立式机箱平放　　　　　　　图 2-1-19　支撑铜螺钉

提示： 安装的铜支撑螺钉要与主板上的螺孔对应，否则可能造成主板短路；铜支撑螺钉的高度要保持水平否则会造成主板变形；至少要安装 3 个以上的铜支撑螺钉。

（3）放置主板。注意主板的方向，对准支撑螺钉后放置主板，I/O 接口对准机箱后面相应的孔位，ATX 主板的外设接口要与机箱后部对应的挡板孔位对齐，如图 2-1-20 所示。

（4）固定主板。在每颗螺钉中垫入一块绝缘垫片，在相应的地方拧好螺钉，固定好主板。

图 2-1-20 放置主板

提示：要让主板的键盘口、鼠标口、串并口和 USB 接口和机箱背面挡片相应的孔对齐，主板应与底板平行，不能相搭，防止形成短路。

使用尖形塑料卡固定主板，尖形塑料卡带尖的一头应在主板的正面。

6）安装电源

机箱中主机电源通常位于立式机箱尾部的上端。电源末端 4 个角上各有一个固定螺孔，通常呈梯形排列。先将电源放置在电源托架上，对齐 4 个螺孔，如图 2-1-21 所示。拧上紧固螺钉，如图 2-1-22 所示。

图 2-1-21 放置电源到电源托架上

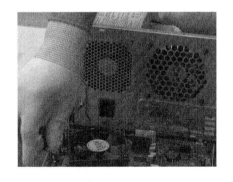

图 2-1-22 紧固螺钉

提示：螺钉不要上一个拧紧一个，应先把所有螺钉放到位，然后逐一拧紧。

7）连接主板电源线

以 ATX 电源的连接为例。图 2-1-23 的 20 孔电源插头与主板电源插座连接。

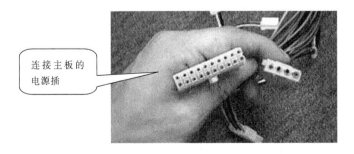

连接主板的电源插

图 2-1-23 电源插头

安插主板的电源插头。电源插头的一边有个固定扣钮，主板上电源插座的一边有与之相匹配的固定扣钮，把电源插头插入主板的电源插座上，到位后两个塑料扣钮即自动扣紧，可以防止电源线脱落，如图 2-1-24 所示。

图 2-1-24　连接电源

8）安装适配卡

需要安装的适配卡有 PCI-E（显卡）、PCI（声卡、网卡）接口。

（1）安装显卡。

① 将机箱后面的插槽挡板取下。

② 保持显卡垂直于主板方向，显卡挡板与主板键盘接口在同一方向，双手握住显卡边缘竖直向下，用力均匀地插入显卡插槽中。

③ 显卡插到位（应保证显卡与插槽的接触良好）后拧紧显卡的固定螺钉。螺钉的松紧要适度，避免用力过度而引起主板的变形。

（2）安装声卡。声卡一般为 PCI 接口。安装的操作步骤如下：

① 取下机箱后面的 PCI 插槽挡板。

② 与安装显卡相似，用力均匀、垂直地将声卡插入 PCI 插槽中，如图 2-1-25 所示。

图 2-1-25　安装声卡

③ 在插入到位后（应保证显卡与插槽的接触良好），拧紧声卡的固定螺钉，固定好声卡。

④ 连接声卡的音频线。音频线一端接到声卡上，另一端连接到光驱上。对于集成在主板上的声卡，音频线一端连接在主板上的音频插口上，另一端连接光驱。现在的主板一般都不需要连接声卡的音频线。

（3）网卡、内置调制解调器等一般也都为 PCI 接口，安装步骤与安装声卡相同。

9）安装硬盘

一般的机箱内都预留有安装两个硬盘的支架位置，若安装一个硬盘最好选择安放在散热良好的位置。

（1）将硬盘插入机箱中的驱动器支架上，用螺钉将硬盘固定在驱动器舱中。安装时，应将支架两边的硬盘固定螺钉拧紧，可防止震动和减少噪声，如图 2-1-26 所示。

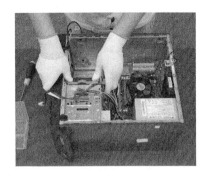

图 2-1-26　安装硬盘

（2）为硬盘接上电源接头。

（3）插入数据线，如图 2-1-27 所示。

10）安装光驱

（1）卸掉机箱面板上的一块驱动器挡板。将光驱
插入机箱中的驱动器支架上，然后拧紧固定螺钉，如
图 2-1-28 所示。

（2）为光驱接上电源插头。

（3）插入光驱的数据线。

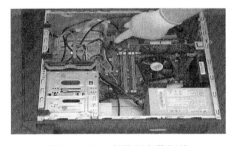

图 2-1-27　安装硬盘数据线

图 2-1-28　安装光驱

11）安装面板控制线、信号线

机箱面板上的开关按钮、RESET 按钮、指示灯等需要与主板上相应的插座通过连接线相连。
连接线以及机箱面板插线与主板插针连接后的情况如图 2-1-29 所示。

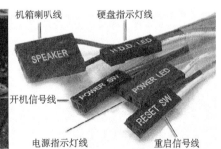

图 2-1-29　连接线以及连接后的面板插线

主板上相应地有一个 2 排 10 行的插座,插座下方的主板上标有与连接线上相同或相似的连线

名。注意将引出线正确地连接到面板与主板上相应的插座中。

（1）总电源的开关插线为一个两芯的插头，没有正负极之分，该连线接上后按下电源开关按钮将接通微机的总电源；关机则由 Windows 系统自动关机。如果要强行关机，需要将按钮按住 5 s 不放。

（2）硬盘指示灯插线。这是一个两芯的接头，1 根线为红色，标有 IDE LED 或 H.D.D. LED 的字样，连接时红线对 1 线。该线正确连接后，微机执行硬盘的读、写操作时，面板上的硬盘指示灯会闪亮。

（3）电源指示灯插线。这是一个三芯的接头，使用接头的 1、3 线，1 线通常为绿色。主板上的插针通常标记为 Power，连接时注意绿色线对应于第一针。

　　提示：电源指示灯（Power LED）和硬盘指示灯（HDD LED）的连线有正负极之分（机箱面板引出线中白线为负极，有颜色的一般为正极），不能插错。如果连线插上后相应的指示灯不亮，可拔下连线反向后再插入试试。

（4）RESET 按钮连线。这是一个两芯的接头，连接主板的 RESET 插针。主板上 RESET 插针短路时，微机就会重新启动（冷启动）。

RESET 按钮作用于严重死机的故障情况，使用 RESET 按钮重启微机较强行关机有利。

（5）PC 喇叭连线。这是一个四芯的插线，实际上只使用 1、4 线，1 线通常为红色。该线连接在主板的 Speaker 插针上，连接时注意红线对应 1 的位置。

12）检查

上述安装工作完成后，应进行全面的安全检查：

（1）仔细检查是否有金属物掉落在主板下方或适配卡上，必要时可双手提起主机将金属物抖出机箱。一定要避免由金属物掉落而造成的短路故障，因为这样的故障将烧毁微机。

（2）检查所安装的部件是否有松动以及接触不良的情况，检查连线是否有错误等。

（3）整理机箱。用线卡将连线捆扎起来，不要让其零乱地散在机箱内。

（4）关上机箱盖，拧紧螺钉，如图 2-1-30 所示。

上述工作完成后，主机的组装工作完成。

13）连接安装微机的外围设备

（1）连接显示器。显示器信号老式插头是 D 形 15 针插头，插 D 形 15 孔插座，新式为 DVI 接口，如图 2-1-31 所示。

　　　图 2-1-30　盖机箱盖

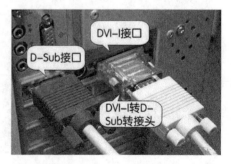
　　　图 2-1-31　连接显示器

（3）连接调制解调器或网卡的外接线，连接好音箱的电源线和喇叭线。

（4）连接好外电源。将主机、显示器的电源线与外电源正确连接，应保证接触良好。

14）拷机

上述硬件安装工作完成以后，接下来的工作是安装微机的操作系统软件和应用软件。软件安装完毕，可对微机进行拷机。所谓拷机，是长时间、持续地运行计算机。目的是让计算机的各部件充分运行。理想的情况是让性能不稳定的部件、整体匹配性能不良的配件、可能隐藏的故障都充分地暴露出来（从个人经济的角度也须如此操作。因为刚买来的配件都处于包换、保修的时间内）。拷机的连续运行时间应在 8 h 以上。

6．实验总结

通过本实验的学习，掌握计算机主机的组装操作，包括 CPU 的安装、内存的安装、主板的放置和安装、外设的安装、信号线的安装、整机的检查以及拷机等，锻炼了计算机主机组装的动手能力。这里要注意的是操作前身体静电的释放。

思考与练习

一、选择题

1. 一个硬盘和一个光驱使用同一根信号线。信号线应插在 IDE1 接口，硬盘的跳线设为_____，光驱跳线设为_____，硬盘和光驱分别接在信号线的两个接口上。

    A．Master，Master　　　　　　　　　　B．Slave，Slave

    C．Master，Slave　　　　　　　　　　　D．Slave，Master

2. 当前市场上的显卡一般是_____接口。

    A．PCI　　　　　　B．AGP　　　　　　C．ISA　　　　　　D．PCI-E

二、填空题

1. 市场上每一块主板产品都具有一定的灵活性和适应范围应对_____和_____。具体到一块主板与一块 CPU 和一根内存的匹配，由主板_____确定。

2. 装机之前手接触一下_____，把手上的_____放掉，以免_____损坏配件。

3. 双手应_____将内存压入（不能_____地压入）内存插槽中。

4. 拷机需要连续运行_____小时以上。

5. 显示器信号线插头是一个_____形_____针插头，插在显卡的_____形_____孔插座上。

6. 外围设备接口大多数采用_____，即接口之间采用_____或_____的设计，使接口不能或不容易被_____、_____，从而有效地保护了接口与硬件本身。

三、简答题

1. 简述安装 CPU 的步骤及应注意的事项。

2. 简述安装内存的步骤。

3. 简述安装光驱的步骤。

4. 连接硬盘指示灯和电源指示灯应注意什么？

5. 安装工作完成后为什么要进行全面的检查？

6. 拷机有什么作用？如何拷机？

实验 1.2　笔记本电脑的拆装

1. 实验背景

当前主流的应用是笔记本电脑，掌握笔记本电脑的拆装很有必要。

笔记本电脑硬件拆装与认识

2. 实验目的

笔记本电脑的集成度很高，部件大多固化在计算机主板上。从升级、维护和维修的角度，笔记本电脑需要拆卸的部件主要有CPU、内存、硬盘、无线网卡等。

3. 实验准备

（1）工具：十字螺丝刀、一字螺丝刀、尖嘴钳、镊子、橡皮擦、多个存放螺钉的小盒子、试电笔、万用表、防静电手环等。

（2）笔记本电脑，防静电计算机维修桌。

4. 实验内容

（1）笔记本电脑电池。

（2）笔记本电脑屏幕与键盘。

（3）主板、数据线。

（4）无线网卡、CPU、硬盘、内存。

5. 实验步骤

1）断电

拆卸之前要确保笔记本电脑处于断电状态。即笔记本电脑为关机状态，外接电源断电，卸下电池。笔记本电脑的电池一般在 D 面，如图 2-1-32 所示。找到背面电池卡口的位置拨动电池标识边上的卡扣，卸下电池，如图 2-1-33 所示。

图 2-1-32　找到电池位置

图 2-1-33　取下电池

一种类型笔记本电脑的电池从外部可以取下，另一种类型的被集成在机身内部，无法从外部取下。

2）拆卸键盘

笔记本键盘位于主板上方，有多个卡口与螺钉固定。依次找到卡口的位置撬开后拔下卡扣，打开卡扣需要巧力。如图 2-1-34、2-1-35 所示。

图 2-1-34　键盘卡扣　　　　　　　　图 2-1-35　撬开键盘卡扣

打开卡扣后，不能立即拿下键盘，背面有一根键盘数据线连接主板。使用镊子向上拨开卡扣，拔下数据线后取下键盘，如图 2-1-36 所示。

图 2-1-36　键盘数据线

3）触摸板

拆卸触摸板与主板之间连接的数据线，数据线带蓝色标识。推起卡扣拔出数据线，如图 2-1-37、图 2-1-38 所示。

图 2-1-37　触摸板数据线　　　　　　图 2-1-38　打开卡扣拔出数据线

拆卸键盘功能区与主板连接的数据线，如图 2-1-39 所示。

图 2-1-39　功能键区

同样，打开卡扣，用镊子取下数据排线，如图 2-1-40 所示。

图 2-1-40　拆除功能键区与主板连接数据线

4）拆卸硬盘

先拆除背板。拧下 4 个脚垫下面的螺钉，用薄的刀片顺着边缝把脚垫翘起来。注意保护好脚垫，以备回装。打开背板后，即可看到机械硬盘，如图 2-1-41 所示。

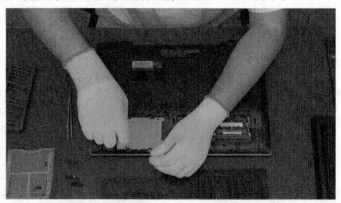

图 2-1-41　拆除普通硬盘

取下固态硬盘，如图 2-1-42 所示。

图 2-1-42　取出固态硬盘

拆除背板上的所有螺钉，将不同规格螺钉分别放入各零件盒内。

5）分离 C 壳和 D 壳

撬开 C 壳和 D 壳，注意，螺丝刀可能损伤笔记本电脑外壳，使用卡片或塑料撬棒插入 C 壳和 D 壳中间的连接缝处撬开 C 壳和 D 壳，如图 2-1-43 所示。

图 2-1-43　使用卡片或撬棒分离 C 壳和 D 壳

打开多个卡扣，准备分离 C 壳与 D 壳，如图 2-1-44 所示。

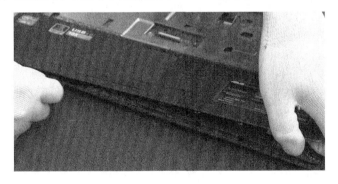

图 2-1-44　打开多个卡扣

C 壳与 D 壳分离后，可看到笔记本电脑的主板。屏幕与主机由两个屏轴连接，致使屏幕能够灵活翻转。屏幕正下方为电池仓，左右各有一个扬声器，如图 2-1-45 所示。

图 2-1-45　屏轴

手指处的黑色物块是电源模块单元，连接笔记本电源适配器，即笔记本电脑的电源小板，如图 2-1-46 所示。

图 2-1-46　电源小板

电源模块单元通过一根黑色排线与笔记本电脑主板连接，可用镊子抽出数据排线，如图 2-1-47 所示。

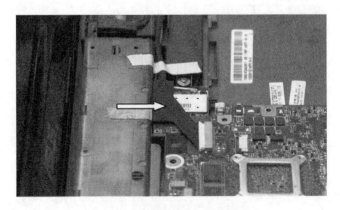

图 2-1-47　连接电源黑色排线

6）无线网卡

电源排线拆除后，可看到下方有一个黑色插槽，插槽上安装有一个半高芯片卡，即无线网卡单元。无线网卡上连接有两根天线，天线被连接到笔记本电脑显示屏上端左、右两边角。拧下固定螺钉，即可取下无线网卡，如图 2-1-48 所示。

图 2-1-48　拆卸无线网卡

7）拆除连接主板数据线

分离主板与显示屏的连接，需要先拆除主板与显示屏连接的接口与数据线（其上具有固定胶带者），如图 2-1-49 所示。小心扯开固定数据线的胶带，使用镊子取出数据排线，分离主板与显示器。

图 2-1-49　连接数据线

拆除左右两边扬声器与主板的连接线。先拆除右边扬声器与主板的连接线，如图 2-1-50 所示。

图 2-1-50　拆除扬声器与主板连线

轻轻拿起主板，然后拆除背面左扬声器与主板的连线，如图 2-1-51 所示。

图 2-1-51 拆除左扬声器与主板连线

拆除完连接的排线与螺钉后，取出主板。

CPU 工作时将产生大量的热。为了保证 CPU 的正常运行，笔记本电脑的散热系统由两根铜管与散热风扇、散热片组成的散热模组，以有效排除 CPU、显卡等工作时产生的热量。CPU 与上方覆盖的散热铜管，如图 2-1-52 所示。

图 2-1-52 CPU 与散热铜管

显卡被安放在另一散热铜管的下方，如图 2-1-53 所示。

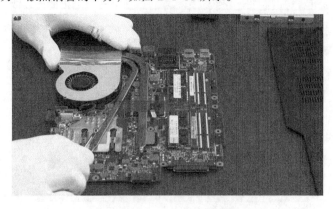

图 2-1-53 显卡与散热铜管

散热铜管与散热片及散热风扇连接，热量通过铜管的传导，利用散热风扇产生的风力将热量排出机体。图 2-1-54 所示为散热风扇电源接口。

图 2-1-54 散热风扇电源接口

8）内存

笔记本电脑的内存如图 2-1-55 所示。

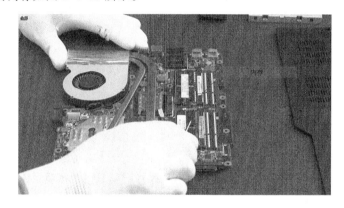

图 2-1-55 内存

9）外设接口

笔记本电脑的外设接口如图 2-1-56 所示。

图 2-1-56 外设接口

笔记本电脑是整机销售的品牌产品，质保期内笔记本电脑出现硬件故障，应请专业维修站维修。软件故障请参考前述 PC 处理。

6. 实验总结

本实验介绍了笔记本电脑的拆卸操作。无线网卡、CPU、硬盘和内存是笔记本电脑硬件故障的相对高发者，也是笔记本电脑升级换代的主要对象。所以，重点介绍了其拆卸过程。计算机硬件故障普遍采用部件维修方式。具有维修能力的读者，找出故障部件后，或要进行部分部件的升级，请参照前述，以逆序完成笔记本电脑的维修装配和升级操作。

思考与练习

1. 拆机操作中多次提到使用镊子取出数据排线，为什么？
2. 拆机操作中多次提到打开多个卡扣，是否应小心操作？

实验 1.3　BIOS 的设置

BIOS 设置是计算机组装操作中最基本的设置项目之一。计算机系统正是通过 CMOS 和 BIOS 设置和保存的信息才得以知道本系统所配备的外围设备种类、型号和技术要求，BIOS 设置是主机与外围设备完全匹配的保证。

BIOS 系统设置程序是用户完成系统参数设置的工具，用户通过 BIOS 设置程序对 CMOS 参数进行设置。CMOS 参数必须设置合理，系统才能正常启动。

1. 实验背景

BIOS 是系统的参数设置程序，CMOS 用于存放系统的参数。

CMOS（Complimentary Metal Oxide Semiconductor，互补金属氧化物半导体）是主板制造厂家设计、安装在主板上的一块 SRAM 芯片，芯片中保存着厂家对硬件各项原始参数的设置。

BIOS（Basic Input／Output System，基本输入／输出系统）又称 ROM－BIOS，BIOS 程序直接对计算机的输入、输出设备进行设备级、硬件级的控制，是计算机系统中最低级、最直接的硬件控制程序，是计算机硬件与软件连接的桥梁。PC 的 BIOS 程序包含了键盘控制、屏幕显示、磁盘驱动、串行通信以及其他功能的各类代码。计算机开发的各种新技术必须得到 BIOS 的接受和管理才能在系统中被正常使用。PC 的 BIOS 包含四大基本程序：中断服务程序、系统参数设置程序（BIOS Setup）、开机上电自检程序（POST）和系统启动自举程序（BOOT）。系统启动时，BIOS 需要完成以下 3 个启动任务：

（1）激活加电自检程序（Power On Self Test，POST）。自检主机以及主机与外围设备的接口。POST 的自检分两部分进行：

① POST 首先检查计算机系统的关键部件（CPU、显卡、基本内存首模块——64 KB），检查它们是否存在以及是否能够正常工作。由于该过程在系统 BIOS 对显卡的初始化之前，所以，检测中如果发现故障和错误（均认定为致命错误）无法通过显示设备显示，系统 BIOS 只好采用声音报警的方式表达。检查后若 CPU、显卡、首块 64 KB 内存块均正常，系统才能够正常启动。

② 接下来继续进行启动自检。首先完成对显卡的初始化，通过屏幕上显示出自检画面。

（2）完成系统以及外围设备的初始化。包括创建中断向量，设置寄存器，对外围设备的初始化和检测等。

（3）引导操作系统。从系统盘中引导 DOS 或 Windows 等操作系统。

BIOS 设置，即通过系统参数设置程序（BIOS Setup）完成系统的参数设置。本实验将系统、详细地介绍有关 BIOS 的设置操作。

2．实验目的

BIOS 系统设置程序是为用户完成参数设置的工具，用户通过 BIOS 设置程序能对 CMOS 参数进行设置，要求读者掌握 CMOS 各参数表达的意思。

3．实验准备

本实验需要一台主机和一个显示器，主机中包含基本的硬件配置，如主板、CPU、内存、硬盘等，主机应该组装完成并且能够启动。

4．实验内容

BIOS 有 Award、AMI、Phoenix 3 个版本，各版本的设置项及设置内容大同小异，仅仅是各菜单选项的归纳不同。

1）BIOS 设置前的预防措施

若错误地设置 BIOS 参数，后果比较严重。例如，可能导致计算机不能正常启动、运行。若没有 BIOS 设置的经验，改动 BIOS 参数前可采取一些防备措施：

（1）把能正常运行的 BIOS 参数记录下来，以备不测。

（2）开机时无意中进入了 BIOS 设置窗口，在不改变任何 BIOS 参数的情况下按【Esc】键可退出设置窗口。按【Esc】键后，屏幕上将提示：

```
Want to Quit Without Saving (Y/N) ? N
```

按【Y】键，重新启动计算机。

（3）按【Ctrl+Alt+Del】组合键，或按【Reset】复位键重新启动计算机。

（4）遇到不知道如何设置的选项，可采用默认值设置，选择 LOAD SETUP DEFAULTS 即可。

（5）对某些选项、某些参数的功能把握不好，可采用逐项设置、逐项引导调试的方法检测、了解它的功能，然后完成正确的设置。

2）启动 BIOS 设置

微机启动时按【Del】键或按【F2】键，将打开 BIOS 设置窗口。

5．实验步骤

BIOS 设置，使用【←】【↑】【→】【↓】键移动选择，使用【+】【-】键修改。

1）Phoenix BIOS Main 窗口

开机后，按【Del】键进入 BIOS 设置主菜单。Phoenix BIOS 采用视窗方式界面，原面向笔记本电脑，现在台式机中也较多见。Phoenix BIOS Main 的主窗口如图 2-1-57 所示。

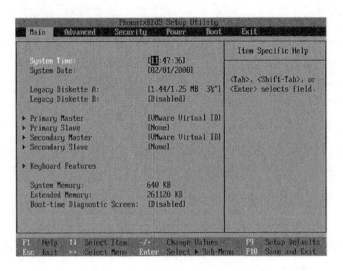

图 2-1-57　Phoenix BIOS Main 窗口

（1）修改系统日期时间。

① Date(mm:dd:yy)：修改系统日期。

② Time(hh:mm:ss)：修改系统时间。

（2）Drive A、Drive B：软盘驱动器参数设置。

（3）硬盘参数设置：系统能自动检测所配备硬盘的参数，并将其自动填入 BIOS 的硬盘参数表中。

（4）Keyboard Features：高级键盘控制。

（5）本机内存信息。

2）Advanced 窗口

此窗口内容与 Award BIOS 的 Advanced BIOS Features 菜单相似，如图 2-1-58 所示。

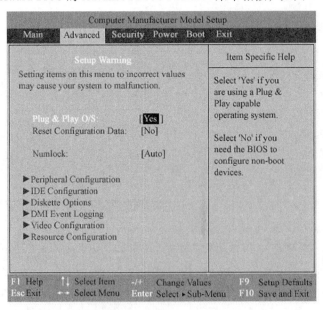

图 2-1-58　Advanced 窗口

（1）Plug & Play O/S：即插即用设备设置。应设置为[Yes]，设备插入后即可使用，否则该设备将无法使用。

（2）Reset Configuration Data：重置配置数据，平常可设置为[No]。

（3）Numlock：键盘上的数字锁定键。打开（On）为数字键应用，关闭（Off）为光标移动应用。选择自动（Auto）更为合适。

以下的六项设置具有次级设置菜单，在相应项上按回车键将打开其次级菜单并进行相应的设置：

① peripheral configuration：外围设备配置，需要时按回车键打开下级菜单，然后针对相应选项进行设置。

② IDE configuration：IDE（接口设备）配置，IDE 设备一般都淘汰了。

③ diskette option：磁盘选项，一般默认原设置。

④ DMI event logging：DMI 事件日志，一般默认原设置。

⑤ video configuration：视频配置，一般默认原设置。

⑥ resource configuration：资源配置，一般默认原设置。

3）Security 窗口

此窗口为安全选择菜单，内容为设置用户密码及开机选择，如图 2-1-59 所示。

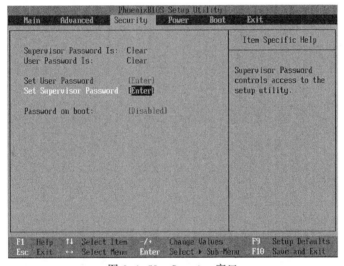

图 2-1-59　Security 窗口

① Supervisor Password Is: 管理员密码清除。

② User Password Is: 用户密码清除。

③ Set User Password: 设置用户密码，按【Enter】键后，在打开的对话框中进行密码设置。

④ Set Supervisor Password: 设置管理员密码，按【Enter】键后，在打开的对话框中进行密码设置。

⑤ Password on boot: 开机密码。此处设置的是 BIOS 的开机密码。

4）Power 窗口

此窗口中的菜单与 Award BIOS 的 Power Management SETUP 菜单内容相似，如图 2-1-60 所示。

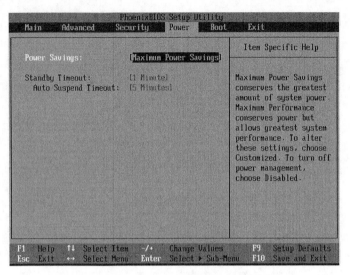

图 2-1-60　Power 窗口

① Power Savings：节电（设置）。按【Enter】键后进行设置，如选择 [Maximum Power Savings]，即为最大节能设置。

② Standby Timeout：待机超时。按【Enter】键后进行设置。若是看影视节目，则应设置较长的时间。

③ Auto Suspend Timeout：自动挂起超时。

5）Boot 窗口

此窗口中的菜单与 Award BIOS 的 Advanced BIOS Features 中的内容相似，如图 2-1-61 所示。

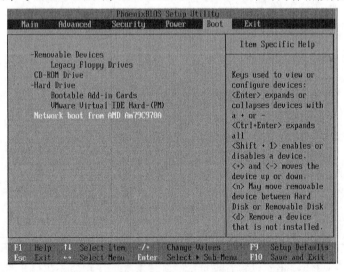

图 2-1-61　Boot 窗口

① –Removable Devices：可移动设备选择。

Legacy Floppy Drives：旧软盘设备（已淘汰）。

CD-ROM Drive：光驱。

② –Hard Devices：硬盘。

选择并设置开机引导设备。正常运行应选择硬盘启动；需要安装操作系统软件则需要根据系统软件所在，选择引导设备。如光驱、U 盘。

6）Exit 窗口

此窗口中的菜单与 Award BIOS 的保存退出和非保存退出以及默认选择设置菜单的综合，如图 2-1-62 所示。

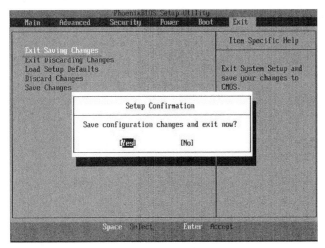

图 2-1-62   Exit 窗口

① Exit Saving Changes：保存修改退出。

② Exit discard Changes：放弃更改退出。

③ Load Setup Defaults：安装设置默认值。安装由厂家提供的设置默认值。

④ Discard Changes：放弃更改。

⑤ Save Changes：保存更改。

6. 实验总结

本实验是计算机硬件组装操作的重点之一，应掌握计算机的 BIOS 设置操作。熟悉 AMI BIOS 版本设置，对于 Award BIOS 和 Phoenix BIOS 两种版本，也可以根据条件选定其中一个版本进行设置操作。

思考与练习

1. 什么是 CMOS，什么是 BIOS，BIOS 在计算机系统中具有什么样的作用？

2. 开机时，无意间进入了 BIOS 设置窗口，但不想进行 BIOS 设置，如何处理？

3. 打开计算机，按小键盘上的数字键，操作的结果却移动了光标，为什么？

4. 打开计算机后，较长时间没有操作，计算机死机了，这是什么原因造成的？如何处理？

5. 打开计算机看电影，看电影时计算机经常节能黑屏，为什么？如何处理？

6. 记录下所打开计算机的各 BIOS 设置菜单，然后试着改变这台计算机的 BIOS 设置内容，记录下每次改变设置后系统的变化情况。

实验 1.4　分区与格式化

计算机的软件系统一般建立在硬盘上。在硬盘上建立计算机软件系统的流程是：

（1）硬盘分区设置。

（2）高级格式化硬盘主分区以及各逻辑盘。

（3）安装操作系统软件。

（4）安装设置外围设备的驱动程序。

（5）安装应用软件。

本实验有硬盘的分区设置和高级格式化操作，以及硬盘的低级格式化操作等内容。

1. 实验背景

一个硬盘最多允许分为 4 个主分区（其中包括一个扩展分区），操作系统默认要求安装在主分区（主分区采用统一的盘符 C：）。扩展分区可以被划分为若干个逻辑盘，应用软件和用户数据一般安装在逻辑盘上，为各主分区的操作系统共享。

所设置的硬盘主分区和逻辑盘均必须高级格式化，然后才能在主分区上安装操作系统，在扩展分区的逻辑盘上安装应用软件和用户数据。

2. 实验目的

要求读者掌握硬盘分区的基本要求，掌握使用分区工具软件，对硬盘进行静态分区和动态分区的操作方法；以及对硬盘分区进行高级格式化的操作方法。

3. 实验准备

本实验要求计算机的主机部件组装已经完毕，并且具有一张系统安装光盘，分区工具软件 PM。

4. 实验内容

本实验要求使用 Windows 系统安装光盘提供的分区功能对硬盘进行分区设置。使用分区工具 PM（Partition Magic）对磁盘进行动态分区设置和修改调整分区的大小。

硬盘的低级格式化仅作为扩展知识介绍，不作实验要求。

5. 实验步骤

1）使用 Windows 安装光盘进行分区

创建硬盘分区，操作步骤如下：

（1）修改 BIOS，将第一启动装置设置为 CD-ROM，把系统安装盘放入光驱，启动计算机。

（2）当屏幕上显示 "Press any key to boot from CD..." 时，按任意键确认从光驱启动，如图 2-1-63 所示。

（3）引导后进入 "现在安装" 窗口，单击 "现在安装" 按钮，如图 2-1-64 所示。

（4）安装向导启动后，要求选择本机的安装语言类型，如图 2-1-65 所示。

（5）单击 "下一步" 按钮，弹出 "产品密钥" 窗口，输入产品密钥后单击 "下一步" 按钮，如图 2-1-66 所示。

图 2-1-63　光驱启动　　　　　　　　　图 2-1-64　Windows 8 开始安装

图 2-1-65　选择语言、时间、输入方式　　　图 2-1-66　输入产品密钥

（6）单击"下一步"按钮，弹出"安装协议"窗口，要求用户阅读协议，勾选对话框中"我接受许可条款"复选框，单击"下一步"按钮，如图 2-1-67 所示。

（7）选中未分配的磁盘，单击"新建"按钮，如图 2-1-68 所示。

图 2-1-67　接受许可条款　　　　　　　　图 2-1-68　新建分区

（8）输入所建分区大小的数值，如输入 51520，单击"应用"按钮，如图 2-1-69 所示。输入分区的数值并单击"应用"按钮后，即完成所建分区的设置。

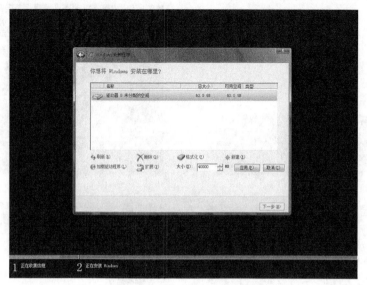

图 2-1-69　输入分区大小的数值

2）Partition Magic 建立和修改硬盘分区

硬盘分区魔术大师（Partition Magic）支持 FAT、FAT32、NTFS、HPFS 和 Linux Ext2 等多种格式的文件系统，能运行于 Windows NT 和 Windows 7 等多种操作系统平台。Partition Magic 能在不损失硬盘中原有数据的前提下对硬盘进行动态分区操作：能在运行中更改硬盘分区的大小；进行分区系统格式的转换；隐藏硬盘分区；对设立的分区进行格式化操作；复制、移动磁盘数据等。Partition Magic 还能完成多操作系统的启动设置。

（1）从设立的逻辑盘中划出部分空间创建新分区。具体操作步骤如下：

① 在 Partition Magic（以下简称 PM）主窗口中单击"创建分区"按钮，如图 2-1-70 所示。

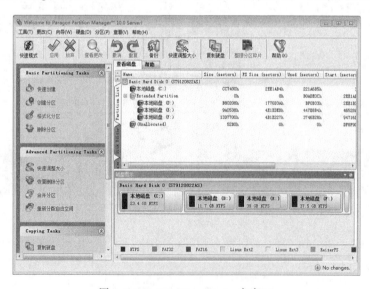

图 2-1-70　Partition Magic　主窗口

② 在弹出的 Create New Partition Wizard 向导对话框中单击 Next 按钮。

③ 在弹出的对话框中可根据所给出的提示，勾选"高级模式"复选框，如图 2-1-71 所示。

图 2-1-71　选择"高级模式"

④ 单击 Next 按钮将弹出创建新分区位置对话框，使用移动按钮可将新建分区创建在扩展分区内，如图 2-1-72 所示。

图 2-1-72　选择创建新分区的位置

⑤ 单击 Next 按钮，可移动滑块改变新分区大小，如图 2-1-73 所示。

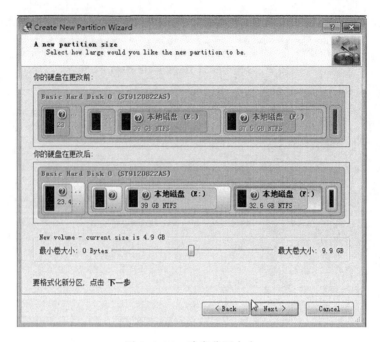

图 2-1-73　确定分区大小

⑥ 单击 Next 按钮，在新弹出的对话框中确定分区的文件类型和盘符，如图 2-1-74 所示。

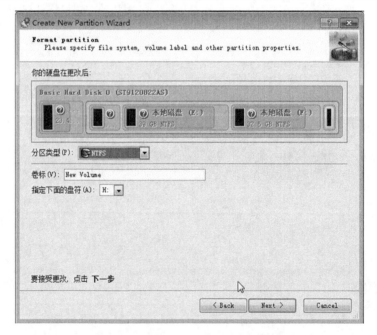

图 2-1-74　确定新分区的文件类型和盘符

⑦ 单击 Next 按钮，完成设置，弹出图 2-1-75 所示的对话框。

⑧ 单击 Finish 按钮，完成创建新分区的设置。

⑨ 最后单击主菜窗口中的"应用"按钮，程序将执行待做的分区调整。也可单击"放弃"

按钮，放弃执行已经完成设置的待做分区调整。

图 2-1-75　完成新分区的创建

（2）调整分区的大小。操作步骤为：

① 在 PM 主窗口中单击"快速调整大小"按钮。

② 在弹出的对话框中单击 Next 按钮，弹出 Express Resize Partition Wizard 对话框，如图 2-1-76 所示。

图 2-1-76　调整分区大小向导

③ 单击 Next 按钮，在弹出的向导对话框中选择需要调整大小相邻分区。

④ 单击 Next 按钮，在弹出的对话框中直接移动滑块调整分区的大小，如图 2-1-77 所示。

图 2-1-77　移动滑块改变分区的大小

⑤ 单击 Next 按钮，然后在弹出的完成对话框中单击 Finish 按钮。

⑥ 最后单击主菜窗口中的"应用"按钮，程序将执行待做的分区调整。也可单击"放弃"按钮，放弃执行已经完成设置的待做分区调整。

（3）分区合并。

① 在 PM 主窗口中单击"合并分区"按钮。

② 在弹出的 Merge Partition Wizard 向导对话框中单击 Next 按钮，如图 2-1-78 所示。

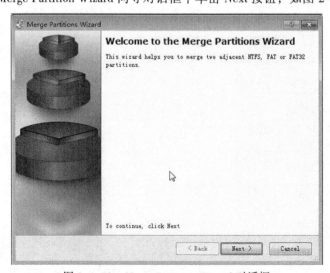

图 2-1-78　Merge Partition Wizard 对话框

③ 在弹出的对话框中选择需要合并的相邻两分区，单击 Next 按钮，如图 2-1-79 所示。

图 2-1-79   选择要合并的分区

④ 在弹出的对话框中显示出更改前后分区的变化情况，如图 2-1-80 所示。

图 2-1-80   更改前后分区的变化情况

⑤ 单击 Next 按钮，然后在弹出的完成对话框中单击 Finish 按钮。

⑥ 最后单击主菜窗口中的"应用"按钮，程序将执行待做的分区调整。也可单击"放弃"按钮，放弃执行已经完成设置的待做分区调整。

3）硬盘高级格式化

高级格式化即逻辑磁盘格式化（Logical Disk Format），高级格式化操作不影响硬盘的寿命。Format 的作用是在逻辑盘上生成操作系统的结构形式，即生成引导信息；初始化 FAT（文件分配表）、根目录区和数据区；清除硬盘上的原有数据、标注逻辑坏道等。

文件分配表（FAT）在高级格式化时由 Format 程序建立在磁盘上。FAT 中存放文件起始簇号，文件大小，文件创建、修改、访问、保存的时间等信息。

Windows 系统下对磁盘的高级格式化操作一般在资源管理器中进行。

（1）进入资源管理器，右击需要格式化处理的驱动器，弹出快捷菜单，如图 2-1-81 所示。

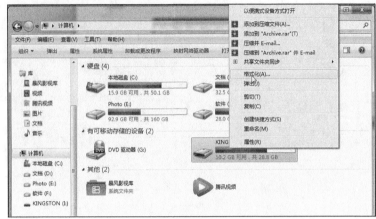

图 2-1-81　右击格式化处理的驱动器

（2）选择"格式化"命令，弹出格式化对话框，如图 2-1-82 所示。

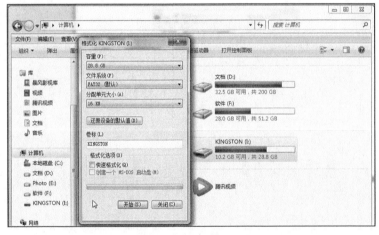

图 2-1-82　格式化对话框

①"快速格式化"选项：该方式仅清除磁盘的 FAT（文件分配表），不清除文件存储区，执行的效果快。

②"启用压缩"选项：启用后，磁盘数据的存储都将以压缩方式进行。

③"创建一个 MS-DOS 启动盘"选项：表示格式化处理后向盘内传送 MS-DOS 操作系统，制作一张 MS-DOS 的系统盘。

（3）默认方式为普通格式化方式，将对所选磁盘的 FAT 和文件存储区都进行格式化处理（与 DOS 下格式化命令的执行相似）。单击"开始"按钮，系统即开始该盘的格式化处理，处理过程通过对话框的进程条表现出来。

（4）格式化完成，系统给出格式化结果报告。报告内容包括格式化磁盘应有的总容量，该盘具有的坏扇区数，除去坏扇区后的存储容量。

（5）最后单击"关闭"按钮即可。

4）硬盘低级格式化

硬盘低级格式化（Low Level Format）又称物理格式化（Physical Disk Format），硬盘是在铝质的盘片表面均匀地涂上了一层磁粉，现代硬盘的磁粉颗粒大小为 10 nm 左右。每个小颗粒即为一个小磁铁，它们具有各自的南北（S/N）极。显然，这些小磁铁的南北（S/N）极是无序的。要在磁盘上存储信息，需要在盘片表面划分出磁道。为此，需要为磁道上的小磁铁设定统一的南北（S/N）极方向，才能用以记录二进制数据。低级格式化的作用就是在硬盘盘片表面划分出磁道（柱面）；并在磁道上划分出扇区；为每个扇区确定 ID（标识）、Gap（间隔区）和 DATA（数据区）。厂家为每个出厂的新硬盘都做了低级格式化。

硬盘低级格式化操作很费时，操作不当可能造成硬盘的永久性损坏。一般仅在硬盘发现有坏道，或感染了病毒并且无法清除等情况，才为硬盘做低级格式化操作。

（1）用 DM 程序进行硬盘低级格式化。

硬盘低级格式化的程序之一 DM（Hard Disk Management Program）是一个对硬盘进行低级格式化、校验以及管理的程序软件，它的各项参数及功能如图 2-1-83 所示。

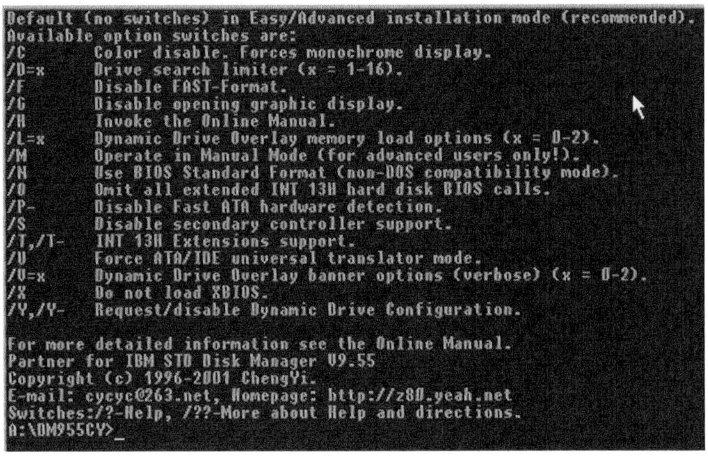

```
Default (no switches) in Easy/Advanced installation mode (recommended).
Available option switches are:
/C          Color disable. Forces monochrome display.
/D=x        Drive search limiter (x = 1-16).
/F          Disable FAST-Format.
/G          Disable opening graphic display.
/H          Invoke the Online Manual.
/L=x        Dynamic Drive Overlay memory load options (x = 0-2).
/M          Operate in Manual Mode (for advanced users only!).
/N          Use BIOS Standard Format (non-DOS compatibility mode).
/O          Omit all extended INT 13H hard disk BIOS calls.
/P-         Disable Fast ATA hardware detection.
/S          Disable secondary controller support.
/T,/T-      INT 13H Extensions support.
/U          Force ATA/IDE universal translator mode.
/V=x        Dynamic Drive Overlay banner options (verbose) (x = 0-2).
/X          Do not load XBIOS.
/Y,/Y-      Request/disable Dynamic Drive Configuration.

For more detailed information see the Online Manual.
Partner for IBM STD Disk Manager V9.55
Copyright (c) 1996-2001 ChengYi.
E-mail: cycyc@263.net, Homepage: http://z80.yeah.net
Switches:/?-Help, /??-More about Help and directions.
A:\DM955CV>_
```

图 2-1-83　DM 菜单

设 DM 程序存放在 C 盘中，以自动方式运行，运行的 DOS 命令为：

C:>DM <回车>

设 DM 程序存放在 C 盘中，以手动方式运行，运行的 DOS 命令为：

C:>DM /M <回车>

DM 运行后即打开"磁盘管理主菜单"，如图 2-1-84 所示。在主菜单中选择（M）aintenance Options 选项，或按【M】键，打开"维护操作"菜单，如图 2-1-85 所示。操作步骤如下：

① 在"维护操作"菜单中选择 Utilities 选项，或按【U】键打开"选择磁盘"菜单，左菜单给出了硬盘编号，右菜单显示出被选磁盘的各项技术参数，如图 2-1-86 所示。

图 2-1-84　磁盘管理主菜单

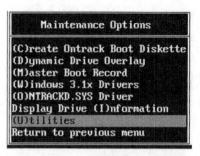

图 2-1-85　"维护操作"菜单

图 2-1-86　"选择磁盘"菜单

② 确认当前盘是需要低级格式化的磁盘，按【Enter】键后打开"选择有效操作"菜单，如图 2-1-87 所示。

③ 在"选择有效操作"菜单中选择 Low Level Format 选项，将打开"磁盘管理情况"窗口，如图 2-1-88 所示。窗口提示有 2 项操作供选择：

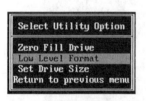

图 2-1-87　"选择有效操作"菜单

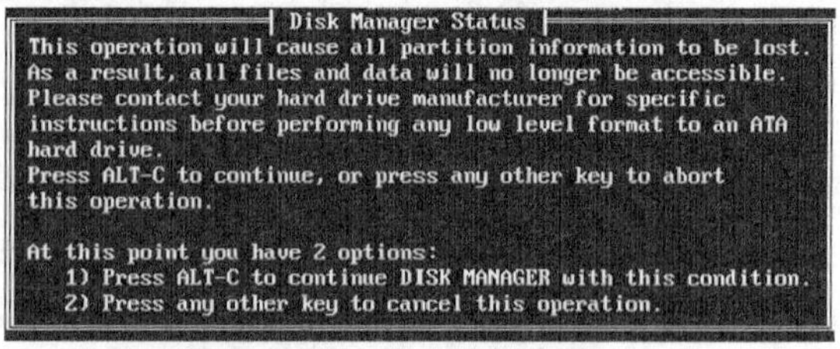

图 2-1-88　"磁盘管理情况"窗口

a. 按【Alt+C】组合键继续磁盘的管理，该项操作将清除磁盘中的所有信息。

b. 按任意键将放弃这项操作。按【Alt+C】组合键后将打开一警告菜单，如图 2-1-89 所示。选择"（Y）ES"选项，或按【Enter】键，即开始低级格式化当前磁盘，如图 2-1-90 所示。

图 2-1-89　警告菜单

图 2-1-90　低级格式化

注意：硬盘的低级格式化操作需要较长时间，中途不能中止或断电。

（2）用 Lformat 程序进行硬盘低级格式化。

Lformat.exe 是一个很小的 DOS 程序（64 KB，可从网上下载），将其复制在一个 U 盘启动盘中，通过 U 盘启动盘启动计算机。或在资源管理器中双击 Lformat.exe 文件名，直接运行。运行后按照窗口提示，按【Y】键启动程序打开 Lformat 主窗口，如图 2-1-91 所示。

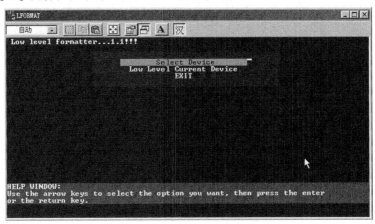

图 2-1-91　Lformat 主窗口

操作步骤如下：

① 第一选项为硬盘选择。按【Enter】键，将打开选择窗口。在窗口中选定准备执行低级格式化的硬盘。本机若只装有一个硬盘，按【0】键选定，如图 2-1-92 所示。

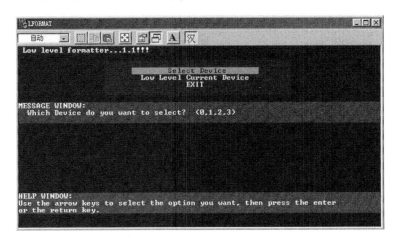

图 2-1-92　选择硬盘

② 硬盘确定后，选择第二选项，确认其为当前盘。按【Enter】键后，Lformat 给出提示：

Do you want to use LBA mode (if not sure press(Y/N)?

询问是否使用 LBA 模式格式化所选定的硬盘。一般选择 LBA 模式；若按【N】键，则低级格式后整个磁盘仅有 540 MB 的容量，如图 2-1-93 所示。

a. 按【Y】键后，Lformat 给出警告提示：盘中所有的数据将全部丢失。低级格式化执行过程中，按【Esc】键可中止执行。

b. 格式化完成后，按【Esc】键返回主菜单。

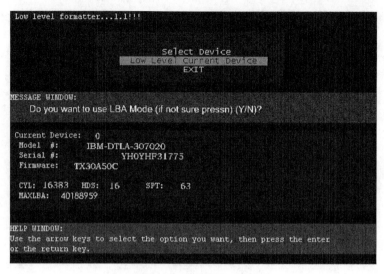

图 2-1-93　确认格式化模式

③ 选择第三项，按【Enter】键后退出 Lformat。

重新启动计算机，然后进行分区以及高级格式化等操作。

6. 实验总结

学习并掌握硬盘的分区设置操作和分区的高级格式化操作，这两项属于计算机主机组装的基本应用操作之一，对锻炼动手能力也十分有效。

掌握硬盘分区的创建和删除、分区大小的改变、分区的合并（该两项视条件而定）和分区的高级格式化操作等。

思考与练习

1. 请简述在微机上建立软件系统的流程。
2. 请试着在一台 PC 上使用系统安装盘的分区设置功能将该机的硬盘分为一个主分区，一个扩展分区；并将扩展分区分出一个 D 盘和一个 E 盘。
3. 请试着在一台 PC 上，使用 PM 程序调整硬盘分区的大小，如将 D 盘增大、将 E 盘减少 200 MB。
4. 请试着高级格式化一个逻辑盘或一个 U 盘，请指出格式化过程中屏幕上不断显示的数字代表什么意思。
5. 能否随意地对硬盘中的逻辑盘（如 D 盘）进行高级格式化操作？有条件的情况下，请试着对一逻辑盘应用 FORMAT 命令，或在资源管理器下应用格式化命令。
6. 低级格式化要为硬盘完成哪些工作？对硬盘会有什么样的影响？

实验 1.5　软 件 安 装

1. 实验背景

完成硬盘分区设置和分区高级格式化操作后，接下来需要安装操作系统软件和应用软件。没有安装软件系统的计算机只是一台裸机，裸机是无法完成用户的运行任务的。

各种版本操作系统软件的安装操作相似，本实验介绍 Windows 8 和 Windows 10 的安装。

2．实验目的

本实验完成系统软件中的操作系统安装及各种硬件驱动程序的安装和应用软件的安装，要求读者掌握软件的安装、调试、使用以及软件卸载的方法等。

3．实验准备

本实验要求首先有一台硬件部件组装完成的计算机。同时，在安装操作系统时要有系统光盘或系统安装文件。在安装驱动程序和各种应用程序时，要求计算机已经安装了操作系统，可以正常启动，还需要具备相应的硬件驱动程序安装包和应用程序对应的安装文件。

4．实验内容

本实验首先应完成操作系统的安装——安装 Windows 8 或 Windows 10，其次完成安装和调试设备的驱动程序，包括主板芯片组、外设驱动程序、主板驱动程序、显卡的驱动程序、多媒体驱动程序和打印机驱动程序，最后完成应用软件的安装，以及多重操作系统的安装。

5．实验步骤

1）安装 Windows 8

Windows 8 具有 32/64 位两个系统版本，对硬件的运行要求是：物理内存大于 1 GB，具备 DirectX 9 功能的图形处理器，128 MB 以上显示内存，16 GB 以上的硬盘存储空间。Windows 8 可以从硬盘安装，也可以从光盘安装，还可以从 U 盘安装。从光盘安装的操作步骤如下：

（1）开机启动时打开 BIOS 设置，将 DVD 光驱设置为第一引导装置。退出 BIOS 设置后从光盘启动引导微机，如图 2-1-94 所示。

（2）出现"现在安装"窗口后，单击"现在安装"按钮，开始安装，如图 2-1-95 所示。

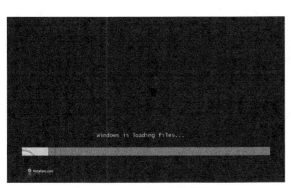

图 2-1-94　光盘启动微机　　　　　　　　图 2-1-95　安装窗口

（3）安装向导要求选择本机的安装语言等信息，选择后单击"下一步"按钮，如图 2-1-96 所示。

（4）安装向导要求输入本软件的"产品密钥"，然后单击"下一步"按钮，如图 2-1-97 所示。

图 2-1-96　选择语言、时间、输入方式

图 2-1-97　输入产品密钥

（5）弹出"许可条款"对话框，勾选"我接受许可条款"复选框，单击"下一步"按钮才能继续进行安装，如图 2-1-98 所示。

（6）安装向导要求选择本次安装的安装类型："升级"安装还是"自定义（高级）"安装；万一无法自行确定，可以选择"帮助我决定"选项，如图 2-1-99 所示。

图 2-1-98　接受许可条款

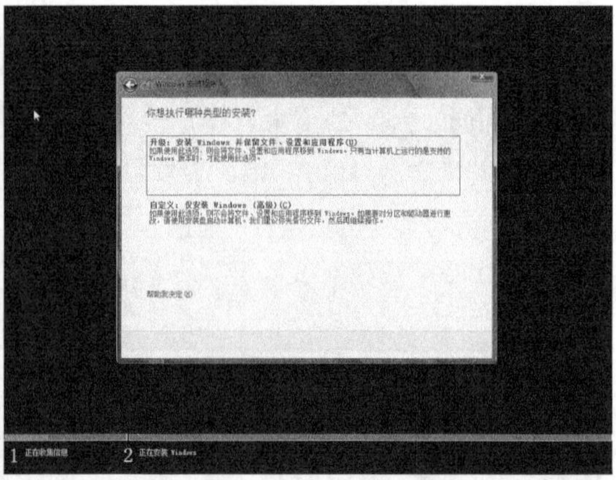

图 2-1-99　选择安装类型

①　"升级"安装在运行原 Windows 版本时可用，"升级"安装将升级新的 Windows 版本保留文件、设置和程序。

②　"自定义（高级）"安装则直接安装新的 Windows 版本，不会保留文件、设置和程序。

（7）安装向导要求选择确定本系统软件的安装位置。选定安装位置后，单击"下一步"按钮，如图 2-1-100 所示。

（8）安装向导将把压缩的系统软件复制到硬盘主分区的临时文件夹中，然后解压释放文件，安装文件。此过程需要 10～20 min 的时间，如图 2-1-101 所示。

（9）重启。安装向导复制、解压，安装系统软件后，将重启计算机，如图 2-1-102 所示。

（10）安装向导要求进行系统的个性化设置。要求输入计算机的名称，然后单击"下一步"按钮，如图 2-1-103 所示。

图 2-1-100　选择安装位置

图 2-1-101　复制系统软件

图 2-1-102　重启计算机

图 2-1-103　个性化设置

（11）安装向导进入系统的设置引导界面，有"使用快速设置"和"自定义"设置两个选项供选择。直接单击"使用快速设置"按钮，将继续系统设置，如图 2-1-104 所示。

（12）网络设置。安装向导引导进入网络设置，若不进行设置可跳过此步骤，如图 2-1-105 所示。

图 2-1-104　快速设置

图 2-1-105　网络设置

（13）登录。安装向导要求输入微软账户，如图 2-1-106（a）所示。

（14）注册。如果没有微软账户，应注册一个，需要提供电子邮箱地址，用于接收辅助信息。完成注册后，单击"下一步"按钮，如图 2-1-106（b）所示。

（a）　　　　　　　　　　　　　　　　（b）

图 2-1-106　登录和注册

（15）Windows 8 开始窗口如图 2-1-107 所示。

图 2-1-107　Windows 8 开始窗口

单击 Windows 8 开始窗口的"桌面"能进入 Windows 的传统桌面。

2）安装 Windows 10

Windows 10 是最新的操作系统版本，有 32 位版本和 64 位版本。对硬件的要求是：内存 1 GB（32 位）或 2 GB（64 位），具备 DirectX 9 功能的图形处理器，128 MB 以上显示内存，硬盘存储空间 16 GB（32 位）或 20 GB（64 位）。

Windows 10 的安装与上述 Windows 8 类似。若从光盘安装，同样应将 DVD 光驱设置为第一引导装置。从 DVD 光驱引导后进入 Windows 10 的安装，并依

安装 Windows
10 操作系统

Windows 10 安装向导的引导进行安装。

（1）现在安装。出现"现在安装"窗口后，单击"现在安装"按钮，开始安装，如图 2-1-108 所示。

（2）安装向导打开语言选择窗口，要求选择本机的安装语言等信息，选择后单击"下一步"按钮，如图 2-1-109 所示。

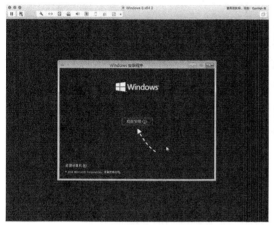

图 2-1-108　Windows 10 开始安装

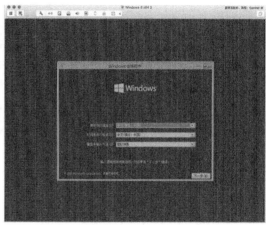

图 2-1-109　选择安装语言

（3）系统有升级模式和全新安装模式供选择。若选择全新安装模式，如图 2-1-110 所示。

（4）安装向导要求选择确定 Windows 10 系统的安装分区，应选定主分区为安装位置，如图 2-1-111 所示。

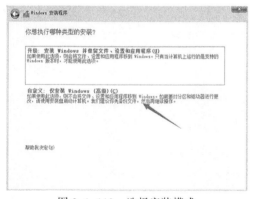

图 2-1-110　选择安装模式

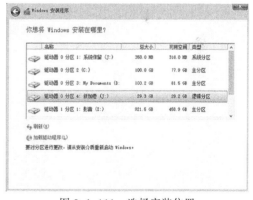

图 2-1-111　选择安装位置

（5）安装向导将把压缩的系统软件复制到硬盘主分区的临时文件夹中，然后解压释放文件，安装系统文件，如图 2-1-112 所示。

（6）安装文件释放完成，将重新启动，然后进入设备安装驱动界面，如图 2-1-113 所示。

（7）接下来进入系统的设置窗口，可以直接单击"使用快速设置"按钮，如图 2-1-114 所示。

（8）系统打开登录窗口，要求用户登录微软账户。没有账户时需进行注册，如图 2-1-115 所示。

（9）注册微软账户，需要提供电子邮箱地址，用于接收辅助信息。完成注册后，单击"下一步"按钮，如图 2-1-116 所示。

（10）注册微软账户，输入电子邮件中接收到的代码，如图 2-1-117 所示。

图 2-1-112　选择安装位置

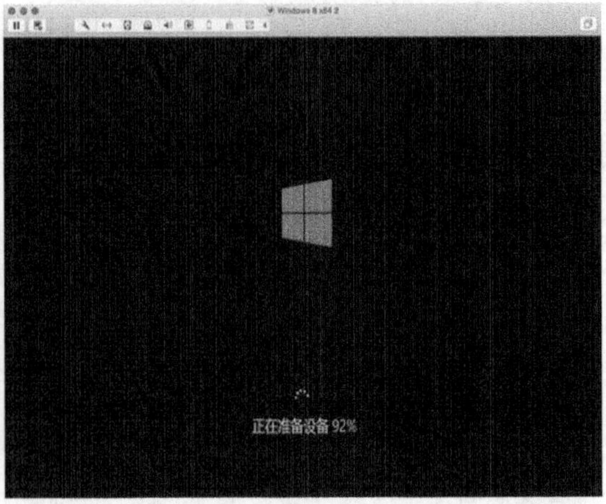

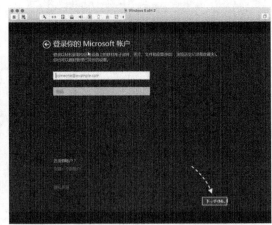

图 2-1-113　安装设备

图 2-1-114　快速设置

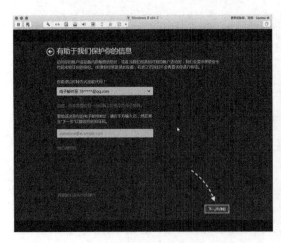

图 2-1-115　登录微软账户

图 2-1-116　注册微软账户

图 2-1-117　输入代码

（11）系统确认所输入的代码后，进行初始化设置，如图 2-1-118 所示。

（12）安装完成，展开 Windows 10 的系统操作界面，如图 2-1-119 所示。

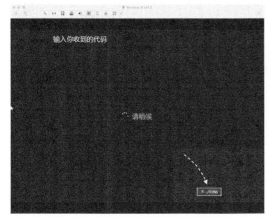

图 2-1-118　初始化设置　　　　　　图 2-1-119　Windows 10 窗口

3）设备管理器中带有异常标注的设备

操作系统安装完成后，需要进行设备驱动程序的安装，系统和设备才能正常工作。若没有正确安装设备的驱动程序，或系统安装的设备驱动程序与设备不匹配，系统及设备将无法正常运行。设备没有安装驱动程序，或安装的驱动程序不匹配，在系统的设备管理器中将以异常的符号形式标注出来：

（1）非法的、不存在的或禁用的设备，设备项目的左边以红色的"×"标注。

（2）未知的（系统不能识别的）设备。设备项目的左边以黄色的"？"标注。

（3）存在冲突或存在潜在冲突、没有安装驱动程序的设备。设备项目左边以黄色的"！"标注。如图 2-1-120 所示。

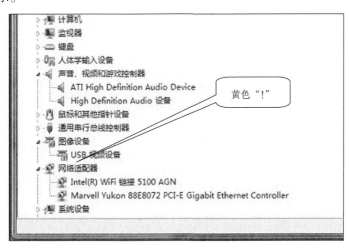

图 2-1-120　异常标注的设备

4）安装和调试设备的驱动程序

计算机操作系统的版本越高，智能性越高，系统和设备驱动程序的安装难度越低。Windows 7、

Windows 10 等操作系统的安装智能性很高，系统和设备驱动程序的安装和调试均自动完成（如上述系统安装过程所述）。

若操作系统安装完成，设备驱动程序的安装存在问题，可以选择运行驱动精灵等功能软件完成安装，如图 2-1-121 所示。

图 2-1-121　驱动精灵

驱动精灵能完成设备驱动程序的匹配安装。

（1）外围设备驱动程序的安装。

微机的外围设备种类、型号繁多，驱动程序版本差异大。总结起来，硬件设备驱动程序的安装方法有如下几种：

① 重新启动微机，通过 BIOS 的新硬件搜索功能最终完成设备驱动程序安装。

② 通过"控制面板"/"硬件和声音"/"添加设备"选项完成设备驱动程序安装。

③ 通过"控制面板"/"系统和安全"/"系统"/"设备管理器"选项完成设备驱动程序安装。

以下主要介绍通过"设备管理器"完成设备驱动程序的安装。

（2）安装设备的驱动程序。设备驱动程序的安装方法如下：

① 单击"控制面板"/"系统和安全"/"系统"/"设备管理器"图标，打开"设备管理器"窗口。

② 右击存在驱动程序故障的设备选项，将弹出"更新驱动程序软件"对话框，如图 2-1-122 所示。

③ 单击"自动搜索更新的驱动程序软件（S）"选项，系统将自动搜索该设备的驱动程序。

④ 搜索到该设备的驱动程序后，系统将自动进行安装，如图 2-1-123 所示。

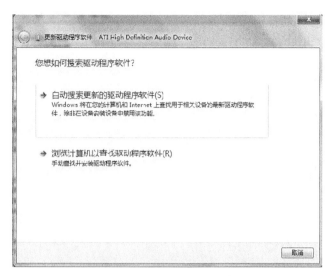

图 2-1-122　更新驱动程序

图 2-1-123　安装驱动程序

⑤ 完成驱动程序的安装，如图 2-1-124 所示。

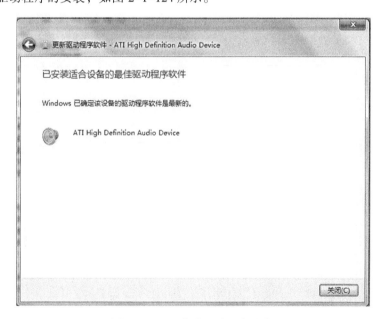

图 2-1-124　完成驱动程序安装

（3）安装设置多媒体驱动程序。一台计算机的多媒体设备驱动程序已正确安装的标志是：桌面右下角的任务栏中有一个小喇叭，如图 2-1-125 所示。

图 2-1-125　多媒体设备的标志

　　若任务栏中没有小喇叭，表明该系统的多媒体设备驱动程序没有安装或没有正确安装，该计算机的音箱将不能正常发声，应正确完成声卡驱动程序的安装。安装方法如上所述。

　　若在"设备管理器"中，右击"声音、视频和游戏控制器"选项，选择"扫描检测硬件改动"命令，如图 2-1-126 所示。

　　系统经扫描发现硬件改动的设备后，将自动搜索到匹配的驱动程序，并自动完成驱动程序的安装。

图 2-1-126　"扫描检测硬件改动"命令

　　（4）安装打印机驱动程序。打印机驱动程序的安装，具体操作是：

　　① 单击"开始"/"设备和打印机"命令，打开"打印机和传真"窗口，如图 2-1-127 所示。

　　② 在空白处右击并选择"添加打印机"命令。

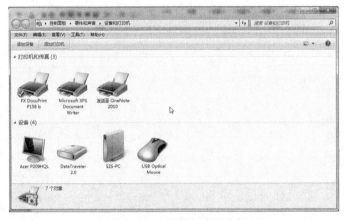

图 2-1-127　添加打印机向导

　　③ 弹出"添加打印机"对话框，单击"下一步"按钮，如图 2-1-128 所示。

　　④ 弹出"添加打印机"对话框，要求选择是本地打印机还是网络打印机，选择"添加本地

打印机"单选按钮，然后单击"下一步"按钮，如图 2-1-129 所示。

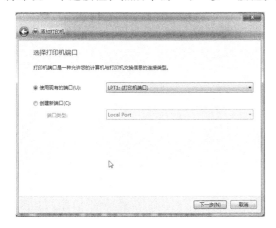

图 2-1-128　"添加打印机"对话框　　　　　图 2-1-129　"选择打印机端口"对话框

⑤ 弹出"安装打印机驱动程序"对话框，单击"下一步"按钮，如图 2-1-130 所示。

图 2-1-130　"安装打印机驱动程序"对话框

⑥ 弹出"键入打印机名称"对话框，要求为安装的打印机命名，可默认系统的命名。单击
"下一步"按钮，如图 2-1-131 所示。

⑦ 安装向导开始安装打印驱动程序。

⑧ 安装完成，要求为安装的打印机设置为默认打印机，单击"完成"按钮予以确认，如图 2-1-132
所示。

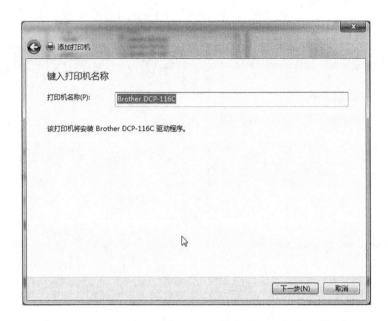

图 2-1-131 "安装打印机驱动程序"对话框

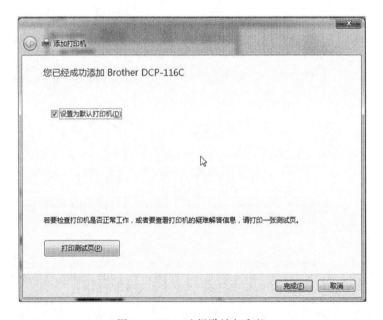

图 2-1-132 选择默认打印机

完成正确安装后的打印机图标右上角显示有"√",表示该打印机已成为系统默认的打印机,如图 2-1-133 所示。

（5）打印机共享。随着计算机网络的普及,打印机的共享使用也越来越广泛。

① 打印机共享设置。

a. 打印机连接主机并打开打印机电源。

b. 打开"打印机和传真"窗口,右击默认打印机图标,在弹出的快捷菜单中选择"打印机属性（P）"命令，如图 2-1-134 所示。

图 2-1-133 快捷菜单

c. 在弹出的"打印机属性"对话框中选择"共享"选项卡，如图 2-1-134 所示。

图 2-1-134 "共享"选项卡

d. 勾选"共享这台打印机"复选框，单击"确定"按钮，完成共享设定，如图 2-1-135 所示。

② 客户机中打印机的安装与配置。网络中每台使用共享打印机的计算机都必须安装打印驱动程序。

a. 在"指定打印机"页面中提供了几种添加网络打印机的方式。如果不知道网络打印机的具体路径，可以选择"浏览打印机"查找局域网中同一工作组内所具有的共享打印机。安装了打印机的计算机，选择打印机后单击"确定"按钮。

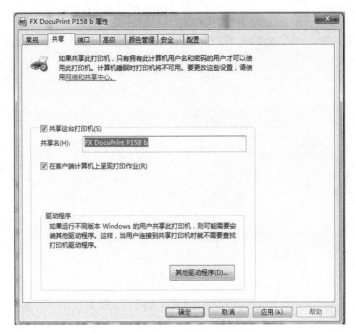

图 2-1-135　勾选"共享这台打印机"

　　b. 知道打印机的网络路径，可以使用访问网络资源的"通用命名规范"格式输入共享打印机的网络路径，如\\James\Computer Jack（James 是主机的用户名）。

　　c. 单击"下一步"按钮。

　　d. 系统将要求再次输入打印机名。输入完成后，单击"下一步"按钮。

　　e. 单击"确定"按钮，如果主机设置了共享密码，这里将要求输入密码。

　　至此，客户机的"打印机和传真"文件夹内应出现共享打印机的图标。

　　5）安装多重操作系统

　　现在计算机配备的硬盘容量都很大，允许在一个硬盘上安装多个操作系统，以方便运行众多的应用软件。

　　一个硬盘安装多个操作系统的方法和要求是：先安装低版本的操作系统，再安装高版本的操作系统。如安装一个 Windows XP 和 Windows 7 双重引导系统。应该：先安装 Windows XP 到一个逻辑盘中，再将 Windows 7 安装到硬盘的主分区中。具体的安装操作参见以上所述系统的安装步骤。

　　系统的默认启动均为 Windows 7。若要修改为 Windows XP 默认启动，可以通过"控制面板"中的"系统"实现。具体操作如下：

　　① 打开"系统"窗口，如图 2-1-136 所示。

　　② 选择"高级系统设置"选项，在弹出的对话框中选择"高级"选项卡，如图 2-1-137 所示。

　　③ 单击"设置"按钮，弹出"启动和故障恢复"对话框。

　　④ 将"默认操作系统"中的"Windows 7"改为"早期版本的 Windows"选项，如图 2-1-138 所示，然后重启系统即可。

图 2-1-136　高级系统设置

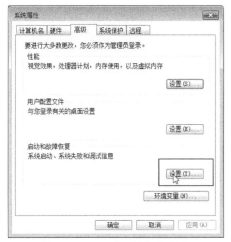

图 2-1-137　"高级"选项卡

图 2-1-138　"启动和故障恢复"对话框

应用和体验 Linux 系统，最好采用双硬盘或双系统。单硬盘多分区方式安装 Linux 和 Windows XP 双系统，用 Windows XP 自带的引导装载管理器（NTLDR）实现多重引导。具体操作步骤如下：

① 建立 Linux EXT3 的分区。运行 PowerQuest PartitionMagic，在硬盘上为 Linux 建立一个 6 GB 以上、Linux EXT3 的（Primary 分区）类型分区。

② 安装 Linux（或 Red Hat Linux 7.0）系统。

③ 保存 Linux 引导扇区。

启动进入 Red Hat Linux，打开终端窗口，输入命令：

```
dd bs=512 count=1 if=/rdlux of=bootlux.se
```

设系统安装在 rdlux 分区。命令将 Linux 的引导扇区保存为一个 bootlux.se 文件，应将其备份到一个非系统分区以及 U 盘上妥善保存。

④ 安装 Windows XP。Linux 和 Windows XP 双系统，Windows XP 应安装到 C 盘上。

⑤ 复制 bootlux.se 文件。将 bootlux.se 文件复制到 C 盘的根目录下。

⑥ 编辑 BOOT.INI 文件。

a. 去除 BOOT.INI 文件的系统、隐藏和只读属性。

b. 打开字处理软件，打开 BOOT.INI 文件。向 BOOT.INI 文件中添加：

C:\bootlux.se="Red Hat Linux 7.0"

c. 保存 bootlux.se 文件，恢复 BOOT.INI、bootlux.se 文件的系统、隐藏和只读属性。

6）安装应用软件

计算机操作中应用软件的安装和运行极为频繁，安装方式已趋向一致。

（1）COPY 命令安装应用软件。

① 使用 DOS 的 COPY 命令。采用 COPY 命令复制安装的软件一般较小，且兼容于任何操作系统，所以又被称为绿色软件。这类软件在 DOS 提示符下的复制命令为：

C:\> COPY file.* D:\WJ <回车>　　　　（复制 C 盘中的文件 file 到 D 盘 WJ 文件夹内）

或：

C:\> COPY *.* D:\WJ <回车>　　　　　（复制 C 盘中的所有文件到 D 盘 WJ 文件夹内）

命令中，file 是文件名，WJ 是文件夹名。

② 在资源管理器中进行文件复制操作。

a. 选定被复制的源文件，按住鼠标左键不放移动光标到目标文件夹中，松开鼠标左键后即可在屏幕上看到文件复制的动画显示，如图 2-1-139 所示。

也可选定被复制的源程序，单击"编辑"/"复制"命令，如图 2-1-140 所示。然后光标移到目标文件夹，单击"编辑"/"粘贴"命令即可。

图 2-1-139　复制操作

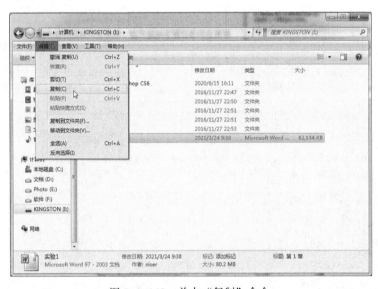

图 2-1-140　单击"复制"命令

b. 选定被复制的源文件并右击，在弹出的快捷菜单中选择"复制"命令，如图 2-1-141 所示；移动光标到目标文件夹，右击并在弹出的快捷菜单中选择"粘贴"命令即可。

图 2-1-141　复制源文件

（2）套装软件的安装。

应用软件主要以套装方式向用户提供，套装软件自带有安装程序。安装程序名一般是 SETUP.exe，也有为 INSTALL.exe。安装程序的功能是将应用软件复制到用户计算机的目标文件夹中，在注册表中做好该应用软件的注册，做好该软件运行的各项必备设置。

① 弹出"开始"/"运行"命令，在"运行"对话框中输入文件名，如图 2-1-142 所示。单击"确定"按钮，以后的操作按照屏幕的提示进行。

② 在资源管理器中执行安装程序。

a. 在 Windows 系统下打开资源管理器窗口，进入应用软件包，双击该软件的安装程序 setup.exe，如图 2-1-143 所示。

图 2-1-142　复制源文件

图 2-1-143　双击 setup.exe

b. 以后的操作按照屏幕上安装向导的提示进行。

　　遇上看不懂、不理解或把握不了的屏幕提示，可采用保险操作，即选择默认方式安装。最简单的操作方法是：遇到选择即按【Enter】键。

　　③ 压缩软件的安装。压缩后的软件便于存储，便于传输。视窗系统下的应用软件一般都比较庞大，所以大都以压缩方式存储，以软件包方式向用户提供。

　　a. 自解压软件。自解压的应用软件为执行文件（文件扩展名为.exe）。自解压软件的解压和安装很方便，双击文件名即可。如 PQ，只要双击 PQmagic 分区魔术师中文版@19_348742QQ2011图标即执行解压安装，如图 2-1-144 所示。

图 2-1-144　自解压安装软件

　　b. 它解压软件。它解压软件的解压与安装，需要借助已安装在系统中的压缩工具软件 Winzip 或 Winrar 等。

　　运行压缩工具软件 Winzip，将压缩的软件包解压、保存。执行已解压软件包中的安装程序 setup.exe，安装该应用软件。

　　它解压软件安装程序 setup.exe 的执行过程与上述应用软件包的安装操作步骤和要求一样，请参照执行。

　　7）软件卸载

　　软件卸载应该使用控制面板中"卸载程序"的软件卸载功能，或使用软件自带的卸载功能等。

　　（1）使用"卸载程序"卸载软件。

　　① 打开"卸载或更改程序"对话框，如图 2-1-145 所示。

　　② 选定需要删除的软件，然后单击上方的"卸载"按钮即可。

　　（2）使用软件自带的卸载功能。

　　① 单击"开始"/"所有程序"命令。

图 2-1-145　卸载或更改程序

② 选定需要删除的软件,单击该软件卸载命令即可, 如图 2-1-146 所示。

6. 实验总结

本实验学习并掌握计算机软件系统的安装, 锻炼动手能力。实验内容包括操作系统的安装, 设备驱动程序的安装和调试, 应用软件的安装套装软件的安装、压缩软件的安装等, 要求掌握系统软件和应用软件的安装方法与安装过程。

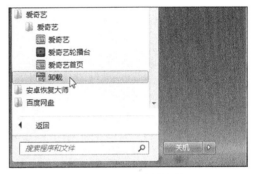

图 2-1-146　软件卸载

思考与练习

1. 为一台计算机安装操作系统, 需要做哪些准备工作?
2. 试着制作一个启动 U 盘。如何使用启动 U 盘向一台计算机安装操作系统?
3. 请选择一台 PC, 先格式化该机的一个逻辑盘, 然后向该逻辑盘上安装 Windows 操作系统。
4. 打开"设备管理器"窗口, 选项上分别有黄色的"!"号, 黄色的"?"号, 红色的"×"号, 它们分别表示了相应设备的什么信息?
5. 对一台计算机安装 Windows 操作系统, 完成后音箱不发声。打开"设备管理器"窗口, 多媒体一项有 3 个黄色的"!"号, 如何操作才能使该机的多媒体功能正常?
6. 安装系统设备的驱动程序有先后顺序吗? 怎样的安装顺序为好?
7. 请试着从网上下载 QQ 软件, 并试着完成 QQ 的解压与安装。

实验 1.6　网 络 设 置

计算机系统中配备有网卡调制解调器, 并经过正确的设置, 该计算机系统就具备了上网的能力, 用户就能够使用该计算机进行网上冲浪。

1．实验背景

计算机网络
连接方式

计算机的硬件组装和软件安装包括网络设备,第 11 章中已对计算机系统中的网络设备进行了详细的叙述。计算机中的网络设备与其他设备一样,需要进行相应的设置。本实验介绍计算机系统中网络设备的设置方法,内容包括网卡、路由器等网络设备。

2．实验目的

通过本实验,掌握网卡、路由器等网络设备的设置操作方法,掌握单机上网、联机上网、局域网的组建等。

3．实验准备

单机上网配置为一台完整的计算机硬件系统和软件系统,系统中应配备有网卡。局域网的组建实验则包括交换机或路由器、网线等。

4．实验内容

本实验内容包括宽带上网配置与设置、网卡上网的配置与设置、家庭局域网组网的方法与配置,无线网络的组建与设置等。

5．实验步骤

1）ADSL Modem 设置

ADSL（Asymmetric Digital Subscriber Loop，非对称数字用户线路）采用离散多音频（DMT）技术,将普通电话线路 0 Hz～1.1 MHz 频段划分成 256 个频宽为 4.3 kHz 的子频带。4 kHz 以下的频段用于传送传统电话业务, 20 kHz～138 kHz 的频段用于传送上行信号, 速率可达 1 Mbit/s; 138 kHz～1.1 MHz 的频段用于传送下行信号,速率可高达 8 Mbit/s。所以, ADSL 即可上网,也可同时打电话,属于专线上网方式。ADSL 硬件安装好以后,软件设置的步骤如下:

（1）在打开的"控制面板"窗口中单击"网络和 Internet"选项,如图 2-1-147 所示。

图 2-1-147　"控制面板"窗口

（2）在弹出的"网络和 Internet"窗口中单击"网络和共享中心"选项，如图 2-1-148 所示。

图 2-1-148　"网络和 Internet"窗口

（3）在弹出的"网络和共享中心"窗口中单击"设置新的连接和网络"选项，如图 2-1-149 所示。

图 2-1-149　"网络和共享中心"窗口

（4）在弹出的"设置连接和网络"窗口中选择"设置拨号连接"选项，然后单击"下一步"按钮，如图 2-1-150 所示。

图 2-1-150 "设置拨号连接"选项

（5）弹出"键入您的 Internet 服务提供商（ISP）提供的信息"窗口，在"拨打电话号码"选项右侧的文本框中输入用户的家用电话号码，在"用户名"和"密码"文本框中输入 ADSL 服务商提供的用户名和密码。完成后单击"创建"按钮，如图 2-1-151 所示。

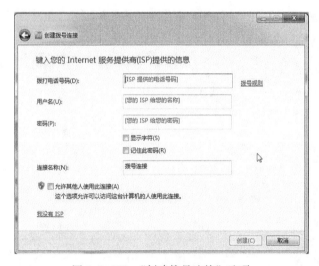

图 2-1-151 "创建拨号连接"选项

（6）创建完成，在弹出的"到 Interne 的连接可以使用"提示信息中，单击"关闭"按钮，完成 ADSL 上网设置，如图 2-1-152 所示。

2）局域网设置

使用网卡连接进入局域网，通过局域网进入 Internet。软件设置分自动获得 IP 地址和指定 IP 地址两种方式：

（1）自动获得 IP 地址。与上述 ADSL 的设置相似（ADSL 的连接对象就是网卡）。请参照上述进行。

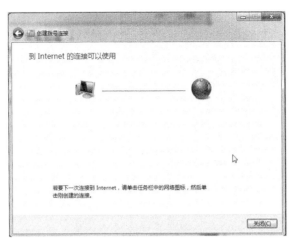

图 2-1-152　关闭设置窗口

（2）指定 IP 地址。

① 打开"网络连接"窗口，选择"本地连接"图标并右击，在弹出的快捷菜单中选择"属性"命令，弹出"本地连接 属性"对话框。

② 在"此连接使用下列项目"列表框中选择"Internet 协议版本 4（TCP/IPv4）"选项，如图 2-1-153 所示。

③ 单击"属性"按钮，弹出"Internet 协议版本 4（TCP/IPv4）属性"对话框。

④ 选中"使用下面的 IP 地址"单选按钮，然后分别给出指定的 IP 地址、子网掩码、默认网关等。最后单击"确定"按钮，如图 2-1-154 所示。

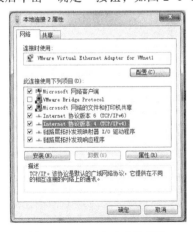

图 2-1-153　本地连接属性

图 2-1-154　指定 IP 地址等

（3）路由器设置。本部分以无线路由器（与有线路由器的配置类似，只是增加了无线信号）为例，介绍路由器的配置，以及局域网络的配置。

① 首先用网线连接一台计算机到路由器上，用另一根网线连接外网入口和路由器，其他计算机直接用一根网线连接到路由器上，有无线网卡的计算机不用连接，可以直接使用无线信号。

② 在任意一台机器上打开 IE 浏览器，输入管理域名 tplogin.cn，打开创建管理员密码窗口，如图 2-1-155 所示。

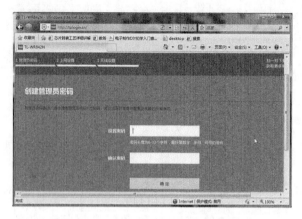

图 2-1-155　路由器默认地址

③ 设置管理员密码，单击"确定"按钮，打开上网方式设置窗口。默认自动获得 IP 地址，单击"下一步"按钮，如图 2-1-156 所示。

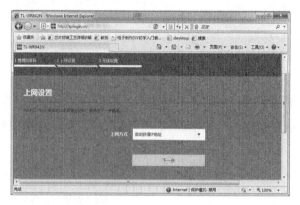

图 2-1-156　上网方式设置

④ 完成设置。

3）无线网络设置

上述设置完成，将直接打开无线设置窗口，要求确定无线名称或自定义名称，然后设置无线上网密码。最后单击"确定"按钮，如图 2-1-157 所示。

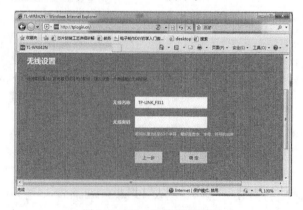

图 2-1-157　无线设置页面

⑤ 在打开的 ID 设置窗口中，选择单击"创建免费的 TP-LINK ID"按钮，如图 2-1-158 所示。

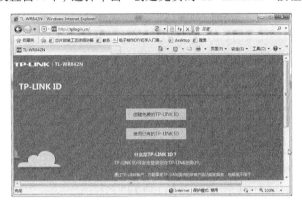

图 2-1-158　路由器设置向导开始

⑥ 打开"创建免费的 TP-LINKID"窗口，完成相应的设置后，单击"确定"按钮，如图 2-1-159 所示。

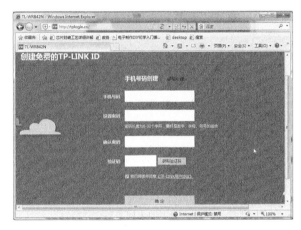

图 2-1-159　路由器的 WAN 口设置

⑦ 完成设置。

6．实验总结

本实验学习并掌握计算机的网络设置，增强动手能力的锻炼。实验内容包括 ADSL 上网设置、网卡上网设置、无线上网设置等。

思考与练习

1．家庭上网有哪些形式，分别需要哪些网络设备，如何配置等？

2．学生宿舍机器互连有哪些方式，分别需要哪些网络设备，如何配置？

3．局域网如何组建？需要哪些网络设备？无线路由器如何配置？无线网卡如何使用？

实验 **2** 注册表与系统优化

本实验是计算机深入应用的必备知识。若希望所使用的计算机系统性能好，学习注册表的知识，掌握注册表的编辑、修改以及计算机系统优化的方法就十分重要。

实验 2.1 注 册 表

1. 实验背景

注册表（Registry）是 Windows 系统的数据库，是系统控制和管理硬件、软件、用户环境和 Windows 界面的一套数据文件。在 Windows 操作系统中，注册表扮演着操作系统与驱动程序连接者的角色；同时也承担了操作系统与应用软件连接者的重任。应用程序在系统中进行安装时，必须向注册表进行注册，写入相关的运行设置，以便运行时操作系统能够从注册表中读取到运行所需的设置数据，找到运行所需的程序及动态链接库。在计算机启动时，操作系统通过注册表才能找到本系统中的所有设备，通过注册表才能对设备进行控制。注册表中若没有某设备的记录，系统中的该设备就不能被使用。

Windows 2000 和 Windows XP 的注册表文件包括系统注册表文件和用户注册表文件两大部分，位于 C:\Windows\system32\config 文件夹中，由 SAM、software、system、SECURITY、userdiff5 个文件组成。

Windows 7 的注册表文件位于 C:\Windows\system32\config 文件夹中，由 COMPONENTS、DEFAULT、SAM、SECURITY、SOFTWARE、SYSTEM 6 个文件组成。

Windows 8、Windows 10 的注册表文件和保存位置与 Windows 7 相同。

2. 实验预备知识

注册表采用树状的目录结构，目录结构由若干结点组成，主键和子键为其结点。注册表以主键、子键和值项的方式组织数据和管理信息；每个值项（键值）包含一组特定的信息，每个值项名与其包含的信息相关；信息以各种形式的值项数据（键值数据）保存。

1）主键

注册表编辑器左窗口中显示的文件夹称为注册表的项，其中 5 个以"HKEY"打头的文件夹即为注册表的主键（根键）。

2）次级主键

注册表主键的下级主键称为次级主键（子键），允许多层嵌套，一个次级主键（子键）可以嵌套多个分类更细的子键。

3）值项

注册表编辑器右窗口中为值项。双击某值项，将打开相应的编辑对话框。修改注册表就是增删、修改各值项，内容有增加或删除值项，修改、调整已有的值项数值。

（1）值项名（键值名）。对键值名有新建、重命名、删除等操作。

（2）值项数据。值项数据是系统默认或用户自行定义的具体设置内容。值项数据有以下 6 种类型：

① REC-DWORD。DWORD 值是一个 32 位（双字）的数值，该键值只允许有一个数值。许多设备的驱动程序及服务参数采用这种类型，在注册表编辑器中以二进制、十六进制或十进制数的格式显示，可以十进制数或十六进制进行输入和编辑。

② REC-SZ（串值），一种固定长度的字符串。用以表示文件的描述、硬件的标识等，由字母和数字组成，字符串的最大长度不能超过 255。

③ REC-BINARY（二进制数值），未处理的二进制数据。硬件信息以二进制数据存储，在注册表编辑器中以十六进制显示。如输入值项名 Wizard，显示的十六进制值为 "80 00 00 00"。

④ REG_EXPAND_SZ（长度可变数据串）。该数据串在程序中使用时才成为确定的变量。

⑤ REG_MULTI_S（多重字符串）。作用于格式可被用户读取的列表或多值的值中。其项与项之间以空格、逗号或其他标记分开。

⑥ REG_FULL_RESOURCE_DESCRIPTO（数组）。存储硬件资源和驱动程序列表的一组嵌套数组。

（3）预定义项。注册表编辑器中所显示的每个文件夹即为本机的一个预定义项。

4）注册表编辑器

注册表编辑器是修改注册表的有效工具。编辑器中以 "HKEY" 起始命名的 5 个文件夹为注册表的主键（根键）。

（1）HKEY_CLASSES_ROOT：该主键中保存着启动应用程序所需的全部信息，包括应用程序的扩展名、应用程序与文档之间的关系、驱动程序名，以及 DDE 和 OLE 信息，类 ID 编号和应用程序与文档的图标等（即文件被双击时，所有起响应的相关应用程序）。这些信息确保了 Windows 资源管理器打开的文件信息的正确性。

（2）HKEY_CURRENT_USER：该主键保存当前登录用户的配置信息，包括用户的登录名和密码，用户文件夹、屏幕颜色和桌面设置等。

（3）HKEY_LOCAL_MACHINE：显示控制系统和软件的处理键。该主键中保存着计算机的系统信息，包括网络和硬件的所有软件设置（如文件的位置、注册和未注册的状态、版本号等）。该主键也是远程计算机访问的主键之一。

操作系统访问硬件设备时，注册表能够针对 BIOS 中的记录向 Windows 报告系统具有的设备和设置程序，系统依此将适当的驱动程序装入到内存中。由于设备的驱动程序独立于操作系统，操作系统在调用时，需要确切地知道它们的位置、文件名和版本号等，这些信息均存储在注册表的 HEKY_LOCAL_MACHINEHARDWARE 文件夹中。

（4）HKEY_USERS：该主键保存本机用户的标识和密码等配置数据（默认用户和当前登录用户）。这些数据在用户成功登录后才能被访问，它们将报告系统当前用户所使用的图标、激活的程序组、"开始"菜单的内容以及颜色、字体等。该主键也是远程计算机访问的主键之一。

（5）HKEY_CURRENT_CONFIC：该主键保存着系统中当前所有配置文件的细节信息。这些信息是从 HEKEY_LOCAL_MACHINE\config 中复制而来，运行中某配置文件被选择，该配置文件的所有信息即被映射到该键上来。

上述 5 个主键中还包含有各自的子键，每个子键分别在系统中担当相应的、不同的重任。

3．实验目的

注册表中记录着系统运行所需的全部信息，掌握了注册表，就掌握了对计算机配置的控制权。注册表的修改可以通过注册表编辑器来进行。可以通过注册表编辑器调整软件的运行性能，改变系统的配置，将计算机的工作效率调整到最佳状态；还可以通过注册表实现对系统的远程管理。具体来说：

（1）注册表能够对硬件、系统的配置参数、应用程序和各种设备的驱动程序进行跟踪配置，从而使得修改某些设置后，系统不必重新启动成为可能。

（2）在注册表中登录的硬件，有些数据支持高版本 Windows 即插即用的特性。当 Windows 检测到机器上安装了新的设备时，即把有关的数据存储到注册表中，以避免新设备与原设备之间在系统资源上产生冲突。

（3）可以通过注册表编辑器在网络上检查系统的设置，实现网络中的远程管理和访问。

本实验要求掌握注册表的使用、编辑、备份、恢复操作等。

4．实验准备

本实验要求有一台硬件组装完成的计算机，且计算机安装了操作系统，能够正常启动。

5．实验内容

注册表的导出与导入；认识注册表主键、子键和值项（键值）数据；注册表键和值项的查找与定位；建立、删除、修改键、值项、表项以及键值。

导致注册表破坏受损的有软件原因、硬件原因和病毒原因，备份和恢复注册表就非常重要。

6．实验步骤

1）Windows 注册表的编辑

注册表编辑器是修改注册表的有效工具。Windows 8、Windows 10 注册表编辑器与 Windows 7 的注册表编辑器相似，下面以 Windows 7 的注册表编辑器进行介绍。Windows 7 的"注册表编辑器"窗口如图 2-2-1 所示。

打开 Windows 7 注册表编辑器的操作如下：

（1）打开资源管理器窗口，进入 C:\Windows 文件夹。

（2）在资源管理器右上角的"搜索"栏中输入"regedit.exe"，按【Enter】键，搜索该文件。

（3）双击搜索到的 regedit 文件名，执行该文件即可。

或：

（1）按【Win+R】组合键。

（2）在弹出的"运行"对话框中输入"regedit"。

（3）单击【确定】按钮即可。

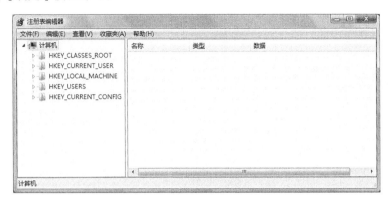

图 2-2-1　Windows 7 "注册表编辑器"窗口

2）注册表的备份与恢复

注册表最积极、最有效的安全保障措施是备份，以便注册表受损后能够顺利恢复。

注册表编辑器是修改、备份、恢复注册表的有力工具。使用注册表编辑器的导入、导出功能可十分方便地实现注册表的备份和恢复。操作如下：

（1）导出。

① 单击"开始"/"运行"命令。

② 在弹出的"运行"对话框中输入"regedit"。

③ 单击"确定"按钮，打开"注册表编辑器"窗口。

④ 单击"文件"/"导出"命令，弹出"导出注册表文件"对话框，如图 2-2-2 所示。

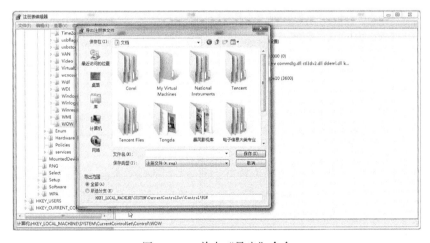

图 2-2-2　单击"导出"命令

⑤ 在"文件名"文本框中输入注册表文件的名称。注册表文件用 .reg 扩展名保存，文本文件用 .txt 扩展名保存。可以使用文本编辑器（如记事本等）处理通过导出创建的注册表文件。

⑥ 单击"保存"按钮。

（2）导入。在注册表遭到破坏后，启动注册表编辑器，执行"导入注册表"命令，将备份文件 REG 引入注册表中，使注册表恢复正常。具体操作如下：

① 打开"注册表编辑器"窗口。

② 单击"文件" / "导入"命令。

③ 弹出图 2-2-3 所示的对话框，查找要导入的注册表文件并选中该文件。

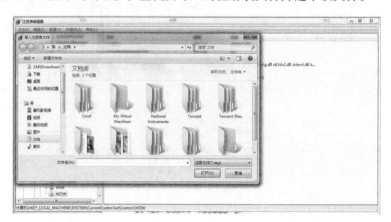

图 2-2-3 　"导入注册表文件"对话框

④ 单击"打开"按钮即可。也可打开资源管理器窗口，双击扩展名为 .reg 注册表文件，即可将该文件导入到计算机的注册表中，完成注册表的恢复。

（3）工具软件备份和恢复注册表。使用超级兔子魔法设置软件对注册表进行备份和恢复很方便。请参见实验 2.2 节。

3）注册表的修改

修改注册表一般在注册表编辑器中完成。在 Windows 的桌面上单击"开始" / "运行"命令，在弹出的"运行"对话框中输入"regedit"，单击【确定】按钮即打开"注册表编辑器"窗口。

（1）查找、定位。

注册表的键和值项数量繁多、错综复杂。修改注册表必须找到修改的对象，所以，查找、定位在注册表的修改中应用极为频繁。查找任一主键或次键，可以通过"编辑" / "查找"命令，在完全知道某键的路径的情况下，也可以采用人工逐级定位的方式查找。

① 菜单定位查找。

a. 在"注册表编辑器"窗口中，单击"编辑" / "查找"命令，或按【Ctrl+F】）组合键，弹出"查找"对话框，如图 2-2-4 所示。

b. 在"查找目标"文本框中输入欲查找对象的名称，在"查看"栏内选择对象的分类。

c. 单击"查找下一个"按钮，编辑器找到查找对象后，将自动定位在该对象上。编辑窗口最下方的状态栏中将显示该注册表项的名称。

若当前查找定位的对象并非需要查找的对象，可单击"查找"对话框的"查找下一个"按钮继续查找。

② 人工逐级定位。人工方式查找必须根据详细的键名路径进行，如查找 HKEY-CURRENT-USER\ Software\ Microsoft \ Windows。查找步骤如下：

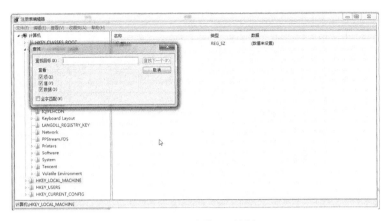

图 2-2-4 "查找"对话框

a. 在"注册表编辑器"窗口的左窗格内，双击 HKEY–CURRENT–USER 主键。

b. 在 HKEY–CURRENT–USER 键列表中，双击 Software 次级主键，如图 2-2-5 所示。

图 2-2-5 Windows 次级主键

c. 在 HKEY–CURRENT–USER\Software 键列表中，双击 Microsoft 次级主键。

d. 在 HKEY–CURRENT–USER\ Software\ Microsoft 键列表中，可找到 Windows 次级主键。

③ 收藏夹。将经常访问的注册表项放入收藏夹中，以方便应用和访问，如收藏 HKEY–CURRENT–USER\Software\Microsoft\Windows 到收藏夹中。操作步骤为：

a. 将光标定位在 HKEY–CURRENT–USER\Software\Microsoft 键列表中的 Windows 选项上，单击工具栏上的"收藏夹"命令。

b. 在打开的下拉菜单中单击"添加到收藏夹"命令。

c. 弹出"添加到收藏夹"对话框，"Windows"已出现在"收藏夹名"栏中（可为其重命名），如图 2-2-6 所示。

d. 若需要打开收藏项，单击工具栏上的"收藏夹"命令即可。

e. 在弹出的下拉菜单中单击所收藏的项名，如图 2-2-7 所示，即打开该键项，光标同时跳转到该键项上。

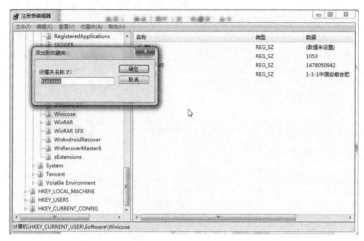

图 2-2-6　Windows 次级主键

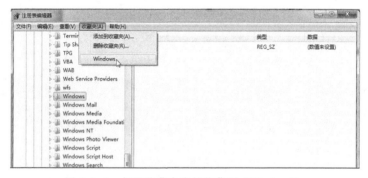

图 2-2-7　打开收藏夹中的收藏项"Windows"

（2）新建表项和值项。

创建一表项或值项，应先查找并定位其父项。单击"编辑"/"新建"命令，打开其下拉菜单。或右击选择"新建"命令，光标移到"新建"项上打开下一级菜单，如图 2-2-8 所示。

图 2-2-8　"新建"下拉菜单

① 创建一个值项。在"新建"下拉菜单中，有项、字符串值、二进制值、DWORD值、多字符串值、可扩充字符串值等菜单项。单击其中的任一选项，都将立即在表中创建一表值或表项。如单击"DWORD值"命令，即创建一个DWORD值项，如图2-2-9所示。

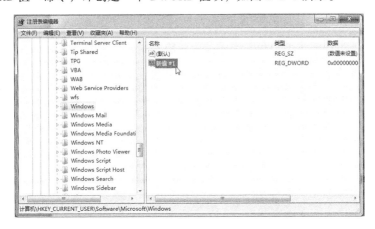

图2-2-9　创建DWORD值项

a. 字符串值：创立的值项，数据类型为字符串，项的前面有一个表示字符串值的图标，在该项的"类型"栏中显示为"REG_SZ"。

b. 二进制值：创立的值项，数据类型为二进制，项的前面有一个表示二进制值的图标，在该项的"类型"栏中显示为"REG_BINARY"。

c. DWORD值：创立数据类型为双字节的值项，项的前面有一个与二进制值相同的图标，在该项的"类型"栏中显示为"REG_DWORD"。

d. 多字符串值：创立的值项，数据类型为多字符串，项的前面有一个与字符串值相同的图标，在该项的"类型"栏中显示为"REG_MULTI_SZ"。

e. 可扩充字符串值：创立的值项，数据类型为可扩充字符串，项的前面有一个与字符串值相同的图标，在该项的"类型"栏中显示为"REG_EXPAND_SZ"。

② 创建一个表项。在"新建"下拉菜单中单击"项"命令，可在主键栏中创建一个子项，如图2-2-10所示。

图2-2-10　创建一个子项

（3）修改值项和表项。

表项和值项的修改主要涉及的方面有表项和值项的更名及值项数值的修改。

表项和值项的更名的操作步骤如下：选定修改项并右击，在弹出的快捷菜单中选择"重命名"命令，如图 2-2-11 所示，修改为新的文件名即可。

值项数值的修改的操作步骤如下：选定修改项并右击，在弹出的快捷菜单中选择"修改"命令"修改二进制数据"命令，如图 2-2-11 所示。

图 2-2-11　修改表项和值项菜单

在弹出的"编辑字符串"对话框的"数值数据"文本框中输入相应的修改内容即可，如图 2-2-12 所示。

图 2-2-12　"编辑字符串"对话框

（4）删除值项和表项。

删除表项，若表项中含有子项，将一同被删除。具体删除操作如下：

① 选定删除项并右击，在弹出的快捷菜单中选择"删除"命令。

② 在弹出的"确认**删除"对话框中单击"是"按钮即可。

4）注册表修改工具

除了上述注册表的修改方法以外，还可以借助工具软件对注册表进行修改。主要的工具软件有超级兔子魔法设置（MagicSet）、TweakUI、WinHacker 等。

有关 MagicSet 对注册表的操作，请参见实验 2.2 一节的详细叙述。

7. 实验总结

本实验是学习并掌握注册表编辑器的应用，注册表备份和还原操作，注册表值项的增、删、修改操作；还介绍了注册表编辑器的应用，注册表的备份和还原操作，注册表值项的增、删、修改等操作。

思考与练习

1. 什么是注册表？注册表在系统中具有什么样的作用？
2. 如何打开 Windows 7 的"注册表编辑器"窗口？
3. 什么是主键？什么是值项？值项数据有哪些类型？
4. 试着用注册表编辑器为一台 PC 的注册表做一备份，将备份保存到 U 盘上。
5. 注册表的修改内容有哪些？如何使用注册表编辑器修改注册表？
6. 非法关机与注册表有什么关系？

实验 2.2　系 统 优 化

计算机系统创建以后，用户希望有一个优化的、运行稳定的系统。用户对计算机系统性能的需求归纳起来为启动速度快、运行稳定、运算速度快、关机速度快。一台商品计算机，其硬件配置已确定，所以，系统优化是针对系统的软件、针对系统对内存的有效应用而言的。

1．实验背景

系统的优化在于系统以及应用程序对内存的合理使用，节省对内存的无效需求。具体来说：

（1）减少内存驻留程序。

（2）及时释放后台应用程序对内存的占据。

（3）清除剪贴板所占用的内存。

硬盘中的数据信息以簇为单元，采用链式存储，这样的存储结构容易产生磁盘碎片。应用程序的编辑、运行，大量的文件下载，都会产生大量的垃圾文件。磁盘中的磁盘碎片和垃圾文件影响系统运行的速度和运行的可靠性，严重的会直接导致系统崩溃。

这些都要求用户要对自己的系统定期进行清理和优化。

2．实验目的

本实验完成系统的启动过程优化、内存优化、磁盘优化和软件优化等，提高系统启动速度、磁盘存储能力和查询速度，通过对 IE 缓存和临时文件夹的清理，有效提高网络速度。

3．实验准备

本实验要求首先有一台硬件部件组装完成的计算机。同时，要求计算机已经安装了操作系统，可以正常启动。

4．实验内容

内存的优化管理、启动过程优化、磁盘优化、软件优化等，系统优化软件的使用。

5．实验步骤

1）内存的优化管理

（1）减少内存驻留程序。

减少开机时应用程序的启动，请参见后面的启动过程优化。

（2）关闭过多打开的任务。

启动过多的应用程序，将占用大量的内存，可能造成死机故障。解决方法是关闭暂不运行的部分应用程序，释放被占用的内存资源。

① 直接关闭后台的运行任务，甚至关闭运行的进程。

② 通过 Windows 任务管理器关闭运行中的应用程序（运行某应用程序时死机，需要强行中断运行的程序）。具体操作如下：

a. 按【Ctrl+Alt+Del】组合键打开"Windows 任务管理器"窗口，选择"应用程序"选项卡，如图 2-2-13 所示。

图 2-2-13　"Windows 任务管理器"对话框

b. 选定某个要结束的任务，单击"结束任务"按钮即可。

③ Windows10 在任务管理器中强行中断运行中的某应用程序，操作如下：

a. 按【Ctrl+Alt+Del】组合键打开"Windows 任务管理器"对话框，选择"详细信息"选项卡，如图 2-2-14 所示。

图 2-2-14　"Windows10 任务管理器"对话框

b. 选定某个要结束的任务，单击"结束任务"按钮。

c. 在打开的确认对话框中单击"结束进程"按钮。

（3）清除剪贴板。

剪贴板中的内容耗用内存资源，清空剪贴板可将其占用的资源释放出来。

2）启动过程优化

（1）关闭 Windows 启动文件配置，Windows 7 系统下关闭部分启动程序的方法如下：

① 按【Win + R】组合键，在弹出的"运行"对话框的文本框中输入"msconfig"命令。

② 单击"确定"按钮，弹出"系统配置"对话框，选择"启动"选项卡，如图 2-2-15 所示。

图 2-2-15 "系统配置"对话框

③ 按优化设置的要求进行设置。Windows 7 已经将不相关的选项作了处理，所有在"启动"选项卡中出现的选项均可不予勾选。

④ 完成后单击"确定"按钮，按屏幕提示重新启动计算机。

（2）Windows 10 系统关闭部分启动程序的方法如下：

① 按【Win + R】组合键，在弹出的"运行"对话框的文本框中输入"msconfig"命令。

② 单击"确定"按钮，弹出"系统配置"对话框，选择"启动"选项卡，再单击"打开任务管理器"按钮，如图 2-2-16 所示。

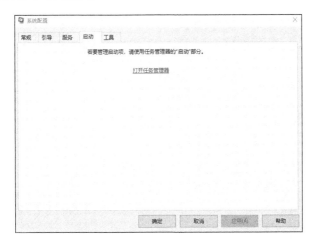

图 2-2-16 "系统配置"对话框

③ 打开"任务管事器"对话框。选择要"禁用"的启动项，然后单击右下角"禁用"按钮，如图 2-2-17 所示。

图 2-2-17　"任务管理器"对话框

3）硬盘优化

计算机运行过程中需要反复地与硬盘进行数据的交换。因此，硬盘数据存取的速度直接影响系统运行的速度。所以，要使系统保持运行稳定、速度快、效率高，就需要做好硬盘的存储管理、优化硬盘的存储管理。

（1）硬盘碎片整理。

磁盘中的碎片可以使用系统自带的磁盘碎片整理程序整理。操作步骤如下：

① 单击"开始"/"程序"/"附件"/"系统工具"/"磁盘碎片整理程序"命令。

② 弹出"磁盘碎片整理程序"窗口，如图 2-2-18 所示。

图 2-2-18　"磁盘碎片整理程序"对话框

③ 选定需要进行整理的驱动器，如驱动器 D。

④ 单击"确定"按钮，"磁盘碎片整理程序"即开始进行 D 盘的碎片整理工作，如图 2-2-19 所示。

图 2-2-19　碎片整理

（2）清除垃圾文件。

① 使用 Windows 系统的磁盘清理程序清除垃圾文件。操作步骤如下：

a. 单击"开始"/"所有程序"/"附件"/"系统工具"/"磁盘清理"命令（Windows XP），如图 2-2-20 所示。

b. 在弹出的"选择驱动器"对话框中选定需要清理的驱动器，如图 2-2-21 所示。

图 2-2-20　磁盘清理程序　　　　图 2-2-21　选择驱动器对话框

c. 单击"确定"按钮。磁盘清理程序即开始 C 盘的清理工作。磁盘清理工作也可以使用专用的垃圾文件清理软件，如 System Cleaner 等完成。System Cleaner 程序清理垃圾文件的速度快、效果好。

② 清理浏览 Internet 残留的历史文件和临时文件。操作步骤如下：

a. 打开 IE 浏览器。

b. 单击"工具"/"Internet 选项"命令，弹出"Internet 选项"对话框，选择"常规"选项卡。

c. 在"Internet 临时文件"栏中，单击"删除文件"按钮即可。

（3）硬盘优化管理。

硬盘管理的优化主要涉及虚拟内存设置和直接存储器访问两个方面。

① 虚拟内存设置。

优化的虚拟内存设置，是把虚拟内存设置在非主分区，即 C 盘以外的其他逻辑驱动器中。虚拟内存设置在非主分区可减少引发系统故障的诱因，提高系统的稳定性。应为虚拟内存设置一个较大的硬盘空间，建议设置的最小值为物理内存容量的 1.5 倍，最大值为最小值的 3 倍。若物理内存为 256 MB，则最小值为 384 MB，最大值可设置为 1 000 MB（1 152 MB）。设置操作如下：

a. 单击"开始"/"控制面板"/"系统"命令，弹出"系统属性"对话框，选择"高级"选项卡，单击"性能"栏中的"设置"按钮。

b. 弹出"性能选项"对话框，选择"高级"选项卡，单击"虚拟内存"栏中的"更改"按钮。

c. 弹出"虚拟内存"对话框，选中"自定义大小"单选按钮，然后在"初始大小"栏、"最大值"文本框中输入设置值，如图 2-2-22 所示。

d. 单击"确定"按钮。

图 2-2-22　虚拟内存设置

② 彻底删除废弃的软件。将系统中不用的软件，如有故障、有 BUG 的软件从硬盘上完全删除，正确的做法是通过"控制面板"执行删除操作，不要强行从硬盘上用删除命令直接删除。每个安装到硬盘上的应用软件均与下列地址建立联系：

a. 在注册表编辑器中可以使用搜索功能查找所有需删除的软件名。

b. C:\Program Files\Common files 文件夹下（有该软件的对应文件夹）。

c. "系统配置实用程序"的"启动"标签页中（运行 msconfig 程序）。

d. "服务"管理中是否有配套的服务加载。

4）系统优化软件

针对系统的优化处理已有很多工具软件，使用这些软件对自己的计算机系统进行优化处理，操作方便、优化效果好，是事半功倍之举。

Windows 优化大师提供了包括系统检测、系统优化、系统清理和系统维护，对 Windows 系统全方位优化的功能。打开相应的功能窗口，窗口中给出有关该模块的功能信息说明。Windows 优化大师 7.99 Build 12.130 免费版首页如图 2-2-23 所示。

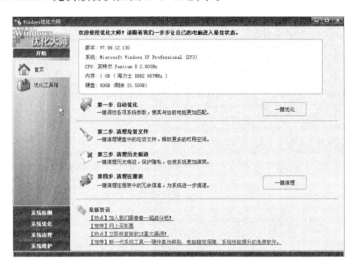

图 2-2-23　优化大师主窗口

首页窗口：Windows 优化大师将检测出的本机配置结果显示在窗口上部。下方接着给出四步选择菜单项：第一步（一键优化），向用户提供自动优化；第二步（一键优化），提供了清理垃圾文件；第三步（非执行），清理历史痕迹；第四步（一键清理），清理注册表的应用。窗口左边的菜单栏中，列出了优化工具箱及四大功能菜单项。

优化工具箱中提供的工具如图 2-2-24 所示。

图 2-2-24　优化工具箱

（1）系统检测。单击首页窗口左边菜单栏中的"系统检测"选项，将打开该项目，显示出本系统的系统信息总览，如图 2-2-25 所示。

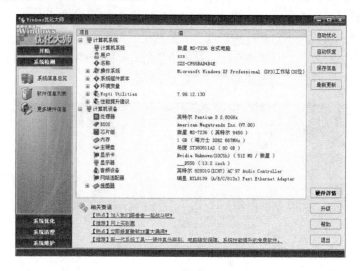

图 2-2-25　"系统检测"界面

单击系统检测窗口左边菜单栏中的"软件信息列表"选项，本系统所安装的软件均罗列在右边栏中。

"更多硬件信息"选项需要另一软件的支持才提供。

（2）系统优化。系统优化的内容包括磁盘缓存优化、桌面菜单优化、文件系统优化、网络系统优化、开机速度优化、系统安全优化、系统个性设置和后台服务优化，以及自定义设置项等，如图 2-2-26 所示。

① 磁盘缓存优化。将光标停在系统优化窗口中的磁盘缓存优化选项上，主窗口中给出"磁盘缓存和内存性能设置"栏，栏中介绍了相应设置的说明。窗口右边下方给出 6 个设置按钮"设置向导""虚拟内存""内存整理""恢复""优化"和"帮助"供用户选择使用，如图 2-2-26 所示。

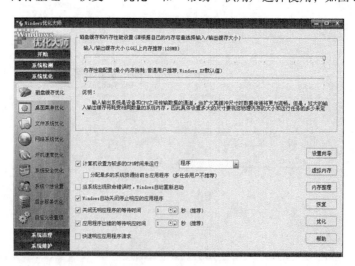

图 2-2-26　"系统优化"界面

② 桌面菜单优化。桌面菜单优化可以加快窗口菜单的显示速度。其中，"开始"菜单速度的优化和菜单运行速度的优化给出调节棒方式调节设置；桌面图标缓存的优化可提高桌面上图标的显示速度，通过设置系统存放图标缓存文件的磁盘空间，Windows 允许的调整范围为100~4 096 KB，系统默认为 500 KB，如果用户的桌面图标经常发生混乱，可将该值调整到 2 000 KB。

③ 文件系统优化。文件系统优化窗口中给出了"二级数据高级缓存"栏，可以使用优化调节棒进行优化设置，每移动调节棒 1 格，打开一种优化方式。

窗口中第二栏给出了"CD/DVD–ROM 优化选择"。优化大师给出了移动调节棒，同时推荐了最佳访问方式。

窗口右边下方给出了 5 个设置按钮"设置向导""高级""恢复""优化"和"帮助"，供用户选择使用，如图 2-2-27 所示。

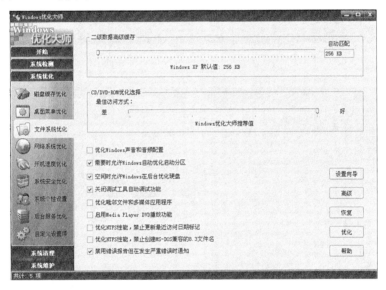

图 2-2-27　"文件系统优化"界面

④ 网络系统优化。网络系统优化界面上方给出"上网方式选择"栏，栏内提供多种上网方式供用户选择。

窗口右边下方给出了 5 个设置按钮"设置向导""IE 及其他""恢复""优化"和"帮助"供用户选择使用，如图 2-2-28 所示。

⑤ 开机速度优化。Windows 优化大师对于开机速度的优化，主要通过减少引导信息停留时间和取消不必要的开机自运行程序实现。

⑥ 系统安全优化。"系统安全"优化栏目中上方给出了"分析与处理选项"栏，并给出了"分析处理"和"流量监控"两个按钮。

窗口右边下方给出了 8 个设置按钮，有"进程管理""附加工具""文件加密""开始菜单""应用程序""控制面板""收藏夹"和"帮助"，供用户选择使用，如图 2-2-29 所示。

图 2-2-28 "网络系统优化"界面

图 2-2-29 "系统安全优化"界面

（3）系统清理。系统清理的内容有注册信息清理、磁盘文件管理、冗余 DLL 清理、ActiveX 清理、软件智能卸载、历史痕迹清理和安装补丁清理等，如图 2-2-30 所示。

① 注册信息清理。注册表中的垃圾信息影响系统的运行，必须清除。

"注册信息清理"界面中上方给出了"请选择要扫描的项目"栏，并给出了"扫描"和"查找目标""删除""全部删除""备份""恢复""帮助"7 个按钮供用户选择使用，如图 2-2-30 所示。

② 磁盘文件管理。Windows 优化大师的磁盘文件管理，主要工作是对磁盘中垃圾文件的扫描和清理。

③ 冗余 DLL 清理。清理系统遗留下来的冗余的带 DLL 后缀的文件。

图 2-2-30　"系统清理"界面

④ ActiveX 清理。清理系统遗留下来的 ActiveX 垃圾文件。

⑤ 软件智能卸载。Windows 优化大师能智能化地自动分析指定软件在硬盘中所关联的文件，以及在注册表中登记的相关信息，并可在压缩备份后将其清除。还能分析用户选择要删除的软件是否与操作系统存在关联，阻止人为的误删操作，避免造成系统崩溃。

⑥ 历史痕迹清理。日常运行中，系统会记录下用户的操作历史，以方便操作和应用，这也留下了泄漏用户隐私的隐患。"历史痕迹清理"可以帮助清除这些历史记录，一方面能保护用户的隐私，另一方面也使系统更加干净，能提高运行速度。

"历史痕迹清理"界面中上方给出了"请选择要扫描的项目"栏，并给出了"扫描""删除""全部删除""帮助" 4 个按钮供用户选择使用，如图 2-2-31 所示。

图 2-2-31　"历史痕迹清理"界面

⑦ 安装补丁清理。清理系统更新过程中，由于安装软件补丁而遗留下来没有及时清除的垃圾文件。

（4）系统维护。系统清理所列的内容有：系统磁盘医生、磁盘碎片整理、驱动智能备份、其他设置选项和系统维护日志以及 360 杀毒，如图 2-2-32 所示。

① 系统磁盘医生。系统磁盘医生用于系统的检查，它在检查磁盘的过程中能自动修复由于系统死机、非正常关机等原因引起的文件分配表、目录结构、文件系统等系统故障错误，还能对磁盘的可用空间进行校验分析。系统磁盘医生在无法对某些磁盘（逻辑卷）的修复操作时，将自动在下次系统启动时调用 Chkdsk 对其进行修复。

② 磁盘碎片整理。Windows 优化大师的磁盘碎片整理能够分析本地卷、整理合并碎片文件和文件夹，能为每个文件或文件夹占用卷上单独而连续的磁盘存储空间。

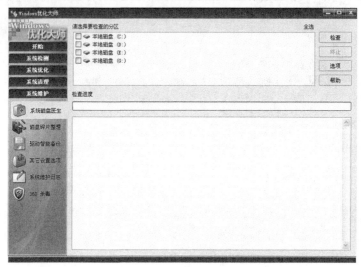

图 2-2-32 "系统维护"界面

③ 驱动智能备份。Windows 优化大师的驱动智能备份能够检查并备份系统的设备驱动程序，如图 2-2-33 所示。

图 2-2-33 "驱动智能备份"界面

④ 系统维护日志。系统在日常维护过程中记录下来的维护信息，内容有优化磁盘缓存、桌面菜单优化、文件系统优化等。

6．实验总结

本实验是学习并掌握系统优化的知识，能够对自己所用的计算机进行启动优化设置、硬盘进行存储优化处理，能够使用优化软件进行系统的优化处理，能较深入地掌握计算机的应用。

思考与练习

一、填空题

1. 人们对计算机的应用归纳起来有四大要求：_____、_____、_____、_____。
2. 内存优化管理具体来说有_____、_____、_____几项工作可做。

二、简答题

1. 对计算机系统的优化，主要涉及哪些方面？
2. 内存优化的具体内容是什么？
3. 启动优化的具体内容是什么？
4. 磁盘存储优化的内容是什么？
5. 磁盘碎片是如何产生的？如何解决？
6. 硬盘中的垃圾文件是如何产生的？如何解决？
7. 请试着下载并安装 Windows 优化大师。用优化大师对系统进行优化，要求将磁盘缓存区设置到 D 盘，缓存设置为 500 MB。
8. 请试用优化软件对某台计算机的注册表进行优化，试着对比优化前后的效果。

实验 3 │ 计算机安全与维护

本实验的知识和技能是帮助读者自如地掌握计算机的基础知识，内容包括信息及计算机系统安全，计算机维护和维修知识，办公设备的使用和维护知识。

实验 3.1　信　息　安　全

信息安全包括计算机系统安全，数据信息的安全，如何防范病毒的感染和特洛伊木马、黑客的攻击，以及如何解除病毒、黑客和木马对信息安全所构成的威胁等。

1．实验背景

信息是人类社会最重要的资源之一。随着计算机和网络的发展，信息和数据的安全越来越脆弱，人们对信息和数据的依赖性增大，信息和数据安全的重要性大大增强。保护信息和数据安全最有效的技术和方法是做好文件数据的备份，对受损的文件数据进行挽救，对黑客、病毒和木马进行预防，用户的计算机操作也应规范化。

2．实验目的

本实验完成对计算机系统安全、数据信息安全的保护与维护，详细地介绍了计算机系统的备份与还原、数据信息备份和恢复的方法与技术、文档修复技术和方法、病毒预防与防治方法等。

3．实验准备

本实验要求首先有一台硬件部件组装完成的计算机，计算机已经安装了操作系统，能够正常启动；并且具备上网能力，同时还要有一些备份与还原的工具，例如，数据恢复软件 Easyrecovery、分区备份和还原软件 Ghost、U 盘恢复软件 Smart Flash Recovery、文档修复软件 DocRepair、瑞星杀毒软件等。

4．实验内容

本实验内容主要包括系统的备份与还原，数据信息的备份与挽救，系统工具软件的使用，计算机病毒的防护。

5. 实验步骤

1）维护数据信息安全

维护数据信息安全最有效的方法是为数据信息做好备份，其次是如何预防数据信息被损毁和挽救损毁的数据信息。

主分区（C 盘）中的系统文件是计算机系统的核心，是病毒和黑客攻击的重点目标，C 盘中的系统文件一旦受损，后果往往很致命。

使用系统的备份和恢复功能进行备份和恢复：

（1）备份。

① 单击"开始"/"控制面板"/"系统和安全"/"备份和还原"命令，弹出"备份或还原文件"窗口，如图 2-3-1 所示。

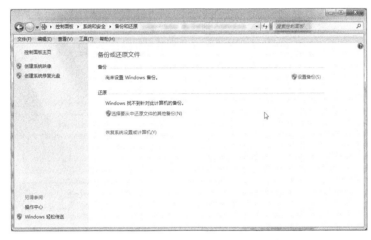

图 2-3-1　"备份或还原文件"对话框

② 单击"设置备份"按钮，弹出"设置备份"对话框，如图 2-3-2 所示。

③ 选择要保存备份的位置，然后单击"下一步"按钮，如图 2-3-3 所示。

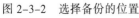

图 2-3-2　选择备份的位置

图 2-3-3　选择备份方式

④ 选择要保存备份的内容，可以由系统选择，也可以人工选择。然后单击"下一步"按钮，如图 2-3-4 所示。

⑤ 设置备份位置，然后单击"保存设置并退出"按钮，如图 2-3-5 所示。

图 2-3-4　选择备份的内容　　　　　图 2-3-5　设置备份位置

⑥ 系统执行并完成备份操作，如图 2-3-6 所示。

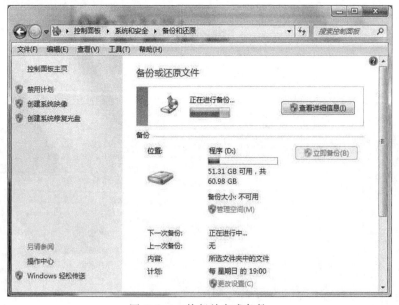

图 2-3-6　执行并完成备份

（2）还原。

① 单击"开始"/"控制面板"/"系统和安全"/"备份和还原"命令，在"备份或还原文件"对话框中单击"还原我的文件（R）"按钮，如图 2-3-7 所示。

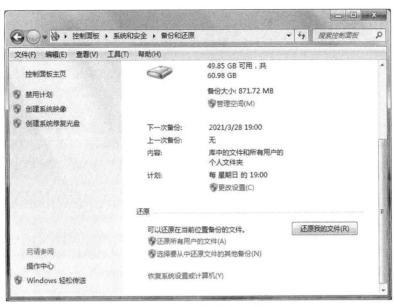

图 2-3-7　还原我的文件

② 在弹出的"还原文件"对话框中选定已备份的文件（可使用浏览器选择），如图 2-3-8 所示。

③ 设定还原位置，单击"还原（R）"按钮，如图 2-3-9 所示。

图 2-3-8　选择还原文件

图 2-3-9　设置还原位置

④ 系统执行并完成还原操作。

2）数据信息的备份和挽救

（1）数据的备份与保存。

用户在计算机中处理的文档、图片、照片，编制的程序文件，下载的程序、文件、游戏，以及软件设置、游戏存档等都需要做好备份，重要的文档文件应有 2 份以上的备份，所做的备份应妥善放置、分开保管。放置、保存的方法如下：

找回误删除的文件

① 将数据备份或压缩后备份到 U 盘中，分开保存。

② 将需要永久保存的数据信息刻成光盘，分开保存。

③ 将数据备份到除主分区（C 盘）以外的其他分区中。

④ 将数据复印到移动硬盘或 U 盘中，复制到其他计算机中。

⑤ 将数据备份到 Internet 上。

（2）修复受损磁盘中的数据。

保存在磁盘上的文档文件被误删或受损，有以下方法可以试着挽救其中的数据：

① 恢复 DOS 下误删的文件。恢复 DOS 下误删的文件可用 Undelete 命令：

`F:\> Undelete<回车>`

列表显示出磁盘上被删的文件，能看到误删文件名的第一个字母已被改为 "?"，恢复该文件只需将这个 "?" 改为一个有效字符即可。

② Norton（诺顿）的 NDD 程序是 FAT 结构文件的磁盘修复工具，操作步骤如下：

a. 运行 NDD，在打开的 NDD 主菜单中选择 Diagnose Disk 命令。

b. 选择驱动器 C（修复 C: 盘），然后按【Enter】键。NDD 开始分析磁盘的引导记录、文件分配表、目录结构、丢失簇等。发现存在有错误的扇区后，即在屏幕上显示错误扇区的位置及原因，并提问是否改正该错误。

c. 按【Y】键，NDD 将提问是否要建立一个 UNDO 文件。

d. 选择 Exit，退出。

e. 选择 Skip（跳过），磁盘医生开始修复出错的扇区。若第一个 FAT 表损坏，NDD 会自动把第 2 个备用的文件分配表写回第 1 个文件分配表所在的扇区，将磁盘修复。若坏扇区在目录区内，一些文件或子目录就无法找到，NDD 将把丢失的子目录用 DIR00000—DIR×××× 、文件用 FILE ××××.−DD 表示出来（若坏扇区在数据区内，处于坏扇区的文件内容会出现乱码，可能无法修复）；屏幕上显示×××个丢失的簇在×××个链中，并提问："Do you wish to save lost chains as files?"（你希望把丢失的链作为文件保存吗？），应选择 Save；然后打开所保存的文件进行人工连接和修复。若选择 Delete，则丢失的信息将完全删除。

（3）硬盘数据丢失。

硬盘数据丢失引发的原因主要有 3 类：软件、硬件和网络。

① 软件方面的起因通常有：病毒感染、误格式化、误分区、误复制、误操作等；具体表现为：无操作系统，读盘错误，文件找不到、文件打不开、文件乱码，报告无分区等。

② 硬件方面的起因有：磁盘划伤、磁组损坏、芯片及其他元器件烧坏、突然断电等。具体表现为：不认硬盘、盘体有异响、电机不转、通电后无任何声音等。

③ 网络方面的起因有：共享漏洞被黑客探知，受到黑客木马病毒的攻击，导致数据的破坏。

（4）硬盘数据挽救。

数据修复应在下列情况之外：数据被覆盖（Over Write）、低级格式化（Low Level Format）、磁盘盘片严重损伤等。

文件被删除（没有被覆盖），磁盘已高级格式化，计算机报告提示称数据找不到等，这些情况下的数据可以挽救恢复。数据挽救的最关键要求是：一旦用户意识到数据丢失，应立刻停止一些不必要的操作。具体如下：

① 误删、误格后，决不要再往磁盘里重写数据。重要的数据盘，最好再次进行数据备份（哪怕是受损盘的备份），然后试着进行数据挽救。

② 发现磁盘损坏了，不要再对磁盘加电。

③ 磁盘出现坏道，不能读出，不要反复试读盘。

④ 表现明显的硬件故障不要尝试自己修复；抢救重要的数据应送专业数据恢复公司（应注意隐私保护）。

恢复数据的操作如下：

① 进行必要的数据备份。

② 优先抢救最关键、最重要的数据。

③ 恢复分区时，优先修复扩展分区，再修复主分区。

（5）数据修复工具软件。

面对一般数据的丢失，掌握下述几种挽救硬盘数据的方法意义很大：

① 运行 Norton Utilities 4 或更高版本的 NDD 程序。打开 NDD，在 Diagnose Disk 菜单中选择相应硬盘的逻辑驱动器，然后执行相应的修复操作。

② 运行磁盘扫描程序 scandisk。scandisk 的运行命令为：

`A:\>scandisk C:（D:、E:等）<回车>`

对屏幕上所有的操作提示，请回答"Yes"或"Next"即可。

③ EasyRecovery。EasyRecovery 是一个免费软件，它提供了磁盘诊断、数据恢复、文件修复、邮件修复等数据的挽救和修复功能。

磁盘诊断：EasyRecovery 软件提供磁盘诊断功能，能够诊断和测试磁盘可能存在的硬件问题，如图 2-3-10 所示。

数据恢复：EasyRecovery 的硬盘数据恢复功能很强大，不仅能恢复从回收站中清除的文件，还能恢复被格式化的 FAT16、FAT32 以及 NTFS 分区中的文件。EasyRecovery 能够运行于 Windows 2000 及以上的系统平台，数据恢复窗口如图 2-3-11 所示。

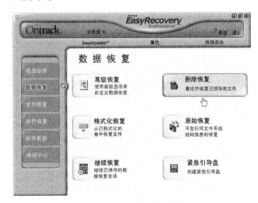

图 2-3-10　磁盘诊断窗口　　　　　　　图 2-3-11　数据恢复窗口

a. 如运行删除恢复，单击"删除恢复"按钮，将打开分区选择窗口，如图 2-3-12 所示。

b. 如选择 F 盘保存，然后单击"下一步"按钮，将弹出"正在扫描文件"对话框，对所选的分区进行被删文件的扫描，如图 2-3-13 所示。

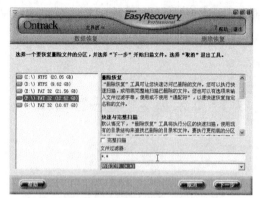

图 2-3-12   分区选择窗口

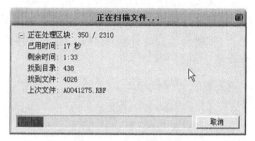

图 2-3-13   文件扫描

c. 选定要恢复的文件或文件夹后，单击"下一步"按钮，如图 2-3-14 所示。

d. 在"目的选择"窗口中选择被恢复文件或文件夹的恢复地址，然后单击【下一步】按钮，如图 2-3-15 所示。

e. 最后单击"完成"按钮。

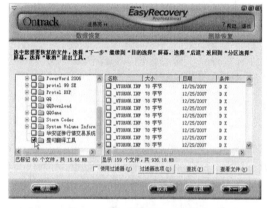

图 2-3-14   选择恢复文件

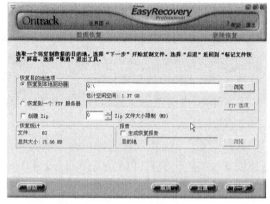

图 2-3-15   选择恢复目的地

3）Ghost 备份与恢复

Ghost（General Hardware Oriented Software Transfer，面向通用型硬件传送软件）俗称"克隆"软件，具有硬盘分区、硬盘备份、系统安装、网络安装、系统升级等功能。

（1）运行 Ghost 备份系统。

Ghost 以浏览器方式操作，其窗口如图 2-3-16 所示。备份 C 盘的文件系统，操作方法如下：

① 进入 Ghost 窗口，单击 Local/Partition/To Image 命令，如图 2-3-17 所示。

② 打开源分区选择窗口，在窗口中选定需要备份的分区（如主分区 C 盘），如图 2-3-18 所示。

③ 单击 OK 按钮，打开映像文件备份目标窗口。

④ 在映像文件备份目标窗口中选择映像文件名和文件存储的位置。为了备忘，可在映像文件描述栏中为备份文件进行必要的描述，如图 2-3-19 所示。

图 2-3-16　"Ghost 浏览器"

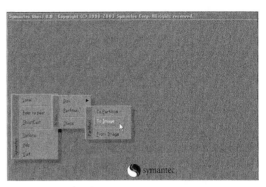

图 2-3-17　Ghost 窗口

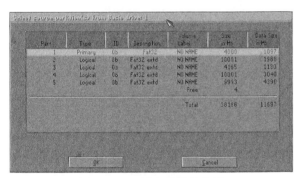

图 2-3-18　选定备份的分区

图 2-3-19　备忘描述

⑤　单击 Save 按钮，弹出压缩映像文件确认对话框，如图 2-3-20 所示。

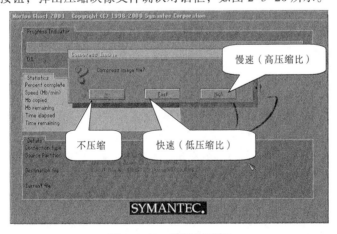

图 2-3-20　确认对话框

⑥　在图 2-3-20 中选择一种压缩方式。

选择 No：不压缩备份。

选择 Fast：采用低压缩比的快速备份方式。

选择 High：采用高压缩比的慢速备份方式。

⑦ 单击上述三按钮之一后，Ghost 程序随即进行主分区的备份工作。

Ghost 的备份工作完成后，将在指定的文件夹中生成一个映像文件，文件扩展名为.gho。

（2）恢复备份。

备份生成以扩展名为.gho 的备份文件，在主分区遭受损坏时，或在用户认为需要时可将其恢复到系统中去，并且可在相同配置的计算机上进行复制；若复制到不同配置的机器上，外设可能不匹配，可采用复制后重新安装、设置外设驱动程序来做到系统的匹配。Ghost 程序恢复操作的方法和步骤如下：

① 在 Ghost 窗口中单击 Local/Partition/From Image 命令，如图 2-3-17 所示。

② 在打开的窗口中找到备份的映像文件，单击该文件，如图 2-3-21 所示。

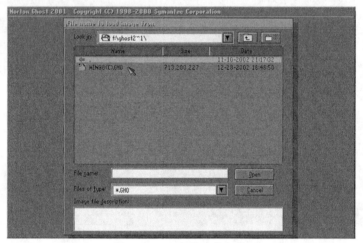

图 2-3-21　查找映像文件

③ 单击 Open 按钮，在弹出的对话框中选择目标分区（C 盘），如图 2-3-22 所示。

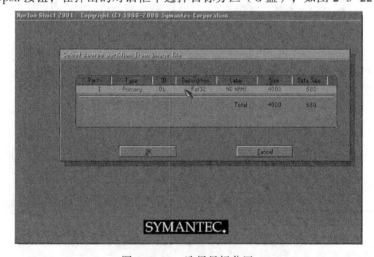

图 2-3-22　选择目标分区

④ 单击 OK 按钮。Ghost 将执行向 C 盘恢复备份的操作。完成后，Ghost 给出提示要求重新启动计算机。

4）压缩软件备份

WinZip 和 WinRAR 是压缩备份软件，两者相比较，.RAR 后缀的压缩文件 Zip 不能解压，几乎所有的压缩文件 WinRAR 都能解压。WinZip 和 WinRAR 的操作窗口相似，操作也相似。以下简单介绍 WinRAR 的运行和操作。WinRAR 的窗口如图 2-3-23 所示。

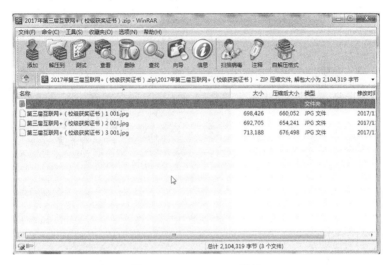

图 2-3-23　WinRAR 窗口

（1）文件的压缩。

① 进入含待压缩的文件的文件夹，选择需要压缩的文件。

② 单击"添加"按钮，然后在弹出的"压缩文件名和参数"对话框中选择新建压缩文件的格式、压缩的级别、分卷大小以及其他压缩参数。

③ 单击"确定"按钮即可。

（2）文件的解压缩。

① 在 Windows 的资源管理器中双击压缩文件名。

② 压缩文件在 WinRAR 的窗口中被打开。

③ 单击"解压到"按钮，然后在弹出的"压缩路径和选项"对话框中输入目标文件夹。

④ 单击"确定"按钮即可。

5）拯救 U 盘数据

要恢复 U 盘中被误删的文件，前提也是删除后没有再向 U 盘中写入数据。Smart Flash Recovery 是一款专门为 U 盘设计的免费的恢复工具软件。可以用于 U 盘损毁、无法读取时尽力拯救 U 盘中的数据，将损失减到最小。

① 启动 Smart Flash Recovery，在打开的主窗口中选择 U 盘所在的分区，单击"查找"按钮，如图 2-3-24 所示。

② 进行磁盘扫描，磁盘扫描花费的时间多少取决于 U 盘空间大小，如图 2-3-25 所示。

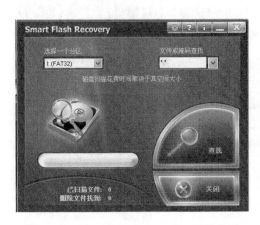

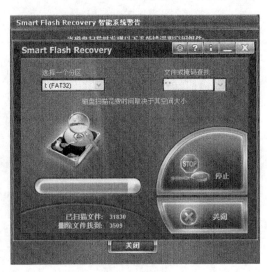

图 2-3-24　Smart Flash Recovery 选择分区　　　　图 2-3-25　磁盘扫描窗口

③ 在打开的扫描文件列表中选择需要恢复的文件，单击"修复"按钮即可，如图 2-3-26 所示。

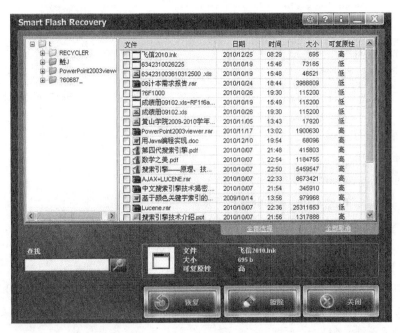

图 2-3-26　选择需要修复文件窗口

6）修复受损的恢复数据

如果已恢复的文件不能打开或者打开的文件乱码，可以进行修复。修复文件前，应先备份原文件，以防修复失败可另求他路。

（1）使用 EasyRecovery 进行 Office 文档修复。EasyRecovery 可以快速修复 Office 文档和 ZIP 文件，修复时要求关闭相应文档对应的应用程序。如修复 Word 文档要求关闭 Word 软件。

① 打开"文件修复"选项，选择当前需要进行的修复文档类型，如图 2-3-27 所示。

② 在弹出的对话框中单击"浏览文件"按钮，找到需要修复的 Office 文档。

③ 单击"浏览文件夹"按钮，选择修复后的文件存放位置。

④ 单击"下一步"按钮，执行修复操作。完成后，在目标目录下将生成一个"原文件名 _ SAL.DOC"的恢复文件，单击"完成"按钮即可，如图 2-3-28 所示。

可再为恢复的文件重命名。

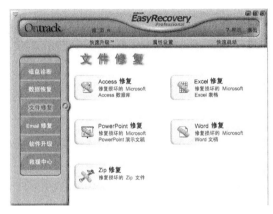

图 2-3-27　修复文件主窗口

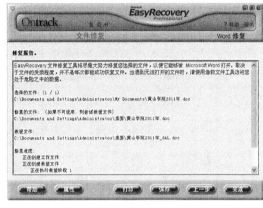

图 2-3-28　修复过程

（2）使用 DocRepair 进行修复。

① 在打开的 DocRepair 主窗口中单击 Browse 按钮，选择待修复的 Word 文档，然后单击 Next 按钮，如图 2-3-29 所示。

② 设定文档修复的选项：文档语言、内嵌图片修复、使用废弃内容修复模式（不建议使用）等，设定后单击 Next 按钮，如图 2-3-30 所示。

图 2-3-29　选择文档窗口

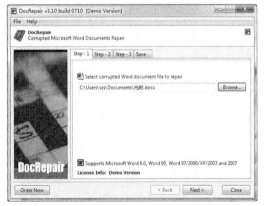

图 2-3-30　修复选项窗口

③ DocRepair 将自动完成文档的读取、分析和修复过程，如图 2-3-31 所示。

④ DocRepair 给出修复报告，如图 2-3-32 所示。

（3）使用 WinRAR 修复受损的压缩文件。解压 RAR 文件遇到"不可预料的压缩文件末端"错误，可以使用 WinRAR 进行修复。

① 选择 WinRAR 菜单栏中的"工具"/"修复压缩文件"命令，WinRAR 就会开始对受损的压缩文件进行修复，并会以对话框的形式显示修复的全过程，如图 2-3-33 所示。

② 修复完成后，进入所设定的修复文件的存放目录，该目录下将新增名为 _reconst.rar 或 _reconst.zip 的压缩文件，它就是 WinRAR 修复好的文件。

可再为该文件重命名。

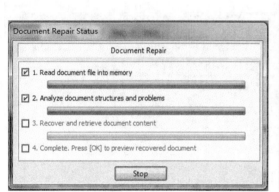

图 2-3-31　文档修复过程

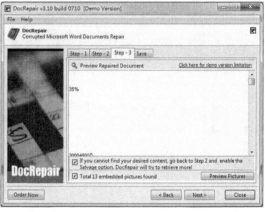

图 2-3-32　文档修复报告

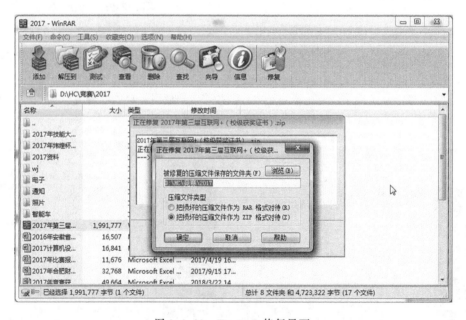

图 2-3-33　WinRAR 修复界面

7）病毒黑客木马

今天，病毒、木马和黑客由于经济利益的关系三者已紧密地结合在一起，造成计算机信息安全的极大危害。

（1）黑客。

黑客（Cracker）是信息社会的害群之马，是计算机信息安全的威胁者。他们恶意地、以牟利为目的地钻研计算机系统的安全漏洞，随意进入、非法获取系统的控制权；他们编写病毒程序，清除或修改被侵入计算机的账号、档案；恶意攻击和破坏网络系统。

（2）木马。

木马又称特洛伊木马（Trojan Horse），其典故来源于希腊神话的特洛伊战争。木马在计算机领域中是一种基于远程控制的黑客工具，具有隐蔽性和非授权性的特点。特洛伊木马不会自我复制、不会感染，不能主动传播，它利用并依附于有良好用途、声誉的软件或文件进行传播。木马和病毒都是人为编制的程序，原则上木马和病毒都属于计算机病毒。主要的木马程序有远程遥控程序（BOT）、后门程序（Backdoor）、间谍软件（Spyware）、广告软件（Adware）、拨号程序（Dialers）、网络钓鱼（Phishing）等。

（3）病毒。

计算机病毒（Computer Virus）是一类计算机程序，它是由一些计算机软件编程人员利用计算机固有弱点编制出来的。病毒程序是具有特殊功能的指令代码，这些指令代码能够自行复制，能如生物界的病毒一样不断繁殖、四处传播，有的还具有固定的发病时间（潜伏期）。病毒发作前，计算机通常察觉不到自己已中毒。若病毒发作，它能破坏计算机的正常运行，损坏以及清除计算机中存储的数据信息；系统运行变慢，出现死机症状等。

《中国电脑病毒疫情及互联网安全报告》以危害程度将病毒分为 5 级：A 破坏用户系统，B 盗取用户信息，C 能进行自我传播，D 广告行为，E 下载其他木马。危害程度最高级为 5 级。

1 级：具有 D、E 任意一种行为的病毒/木马。

2 级：具有 A、B、C 任意一种行为的病毒/木马。

3 级：具有 C 行为加任意一种行为的病毒/木马。

4 级：具有上述任意 3 种行为的病毒/木马。

5 级：具有上述 4 种及以上行为的病毒/木马。

8）病毒的诊断

计算机是否感染病毒，可以凭下述故障症状做出初步的判断：

（1）开机时，系统启动的速度变慢。

（2）开机时，屏幕上出现 "DISK BOOT FAILURE OR NON-SYSTEM DISK" 的提示。

（3）死机。多次重启，运行一定时间后死机。

（4）屏幕上出现异常的画面或信息，甚至是病毒的提示信息。

（5）程序运行时，出现 "Program is too long to load!" 及 "Divided Overflow!" 的提示，蓝屏、死机。

（6）打印机无故障却不能正常执行打印操作。

（7）屏幕上出现 "C:盘，文件分配表损坏"（File allocation table bad, drive C:）的提示。

（8）系统不承认存在硬盘（排除硬盘损坏故障）。

（9）没有进行磁盘读/写操作，硬盘工作指示灯却长亮不灭。

（10）内存空间无故减小，文件不能存盘（存盘失败）。

（11）检查磁盘，发现某（些）程序文件的字节数自动增加或者减少。

（12）检查磁盘，发现盘上自动生成了一些特殊文件名的文件。

（13）检查磁盘，发现盘上的文件无故自动丢失。

（14）用工具软件检查磁盘，磁盘空间无故减少，盘片出现很多坏簇。

（15）服务器拒绝服务。

（16）网络瘫痪。

9）计算机病毒的清除

计算机感染了病毒必须清除，清毒的方法可归纳为四步：

① 使用杀毒软件查杀。

② 一键恢复重装系统。

③ 删除系统主分区，重装系统。

④ 低级（物理）格式化硬盘，重新对硬盘进行分区、重装系统。

对硬盘进行低级（物理）格式化的软件和方法有：

① 用 DM 等低级格式化软件，对感染了病毒的硬盘做低级格式化处理。

② 将感染了病毒的硬盘取下来，拿到别的机器上去做低级格式化处理。

③ 用 NU（诺顿）的 Wipeinfo，对感染了病毒的硬盘执行反复"写 0"或"写 1"的操作，清除掉硬盘上的任何信息。

硬盘低级格式化是最彻底的清毒手段，任何顽固的病毒都能够清除掉。

低级格式化后的硬盘被认为是一个新盘，需要重新创建分区、高级格式化分区及逻辑盘、重装操作系统和应用软件等创建软件系统的操作。

（1）杀毒软件清毒。

最为方便和可靠的方法是使用反病毒软件对计算机中的病毒进行查、杀。市场上常见的反病毒软件有金山毒霸、360 安全卫士、卡巴斯基、Norton 等。选用杀毒软件可从以下几方面考虑：

a. 杀毒能力。

b. 稳定性。

c. 查杀的速度。

d. 完善的实时监控系统。

e. 应急恢复功能。

f. 能否支持多用户环境。

g. 对压缩文件检测能力。

h. 网络防火墙。

i. 售后服务。

j. 附带功能。

① 杀毒软件。有关杀毒软件的使用，请参阅相应的杀毒软件使用说明书。② 在线杀毒。

用户经常发出抱怨：我已经安装了杀毒软件，已经安装了防火墙，为什么还会受到病毒的攻击！受到黑客的攻击！受到木马的侵入！因为，反病毒软件总是处于被动状态，它需要针对已出现的病毒，发现它的特征，分析其代码才能有效地对病毒进行查杀。所以，反病毒软件往往滞后于病毒的攻击。在线查杀毒是弥补上述不足的好办法。瑞星网站的"在线杀毒"是收费服务项目。用户可使用该功能检查自己的微机是否侵染了病毒，然后再选择或确定使用何种杀毒方法进行杀毒。

瑞星的网址是 http://www.rising.com.cn，"瑞星杀毒软件"主页如图 2-3-34 所示。

图 2-3-34　"瑞星杀毒软件"主页

（2）一键恢复清毒。

Ghost 支持多硬盘、混合分区、多系统的操作，在 Windows 下可对任意分区进行一键备份、恢复的程序。下面以 OneKey Ghost V13.4.5.203 版为例介绍其具体操作：

① 备份系统。

a. 启动 OneKey Ghost，主界面默认"备份分区"，确定备份主分区单击"确定"按钮，如图 2-3-35 所示。

b. 单击"高级"按钮，在打开的高级选项设置窗口中可以对压缩率、密码等进行设置，如图 2-3-36 所示。

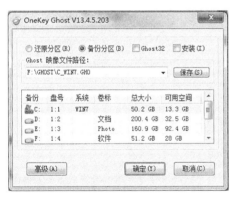

图 2-3-35　OneKey Ghost 主界面

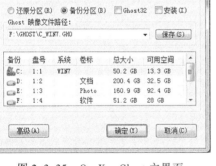

图 2-3-36　OneKey Ghost 高级设置

c. 单击"确定"按钮，在弹出的对话框中单击"是"按钮，重启计算机。在启动页面中系统自动进入 OneKey Ghost 备份界面，自动完成备份操作，如图 2-3-37 所示。

② 恢复系统。

a. 启动 OneKey Ghost，在主界面的"备份分区"中选择需要恢复的分区，并选择"还原分区"单选按钮，如图 2-3-38 所示。

b. 单击"打开"按钮，在弹出的"打开"对话框中找到映像文件，如图 2-3-39 所示。

c. 单击"确定"按钮，完成设置。系统重启后将自动进行系统还原。

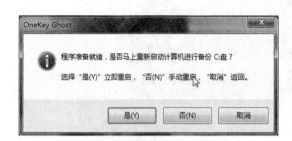

图 2-3-37　提示对话框

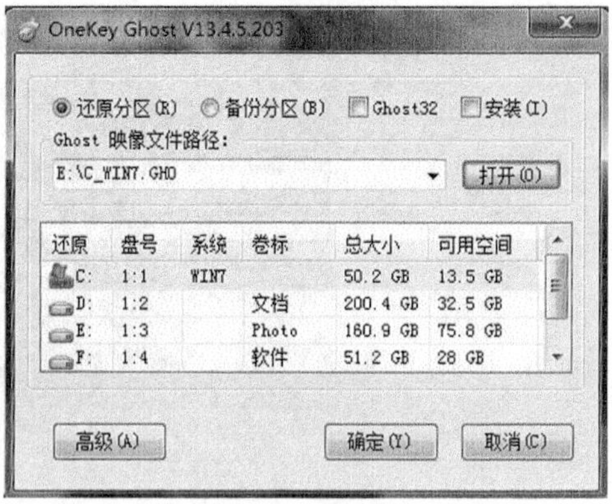

图 2-3-38　OneKey Ghost 还原系统

图 2-3-39　查找备份文件

注意：以上恢复系统的操作是在 Windows 系统中进行的。如果系统崩溃不能正常进入，可以采用系统安装的方法恢复。

（3）删除系统主分区，重装系统。

使用系统安装盘删除原系统分区（一般是 C 盘），再重新建立 C 盘分区（如果中毒较深，最好创建 FAT32 文件格式，执行高级格式化后重新创建 NTFS 文件格式，或相反）。

注意：删除系统分区（或低级格式化硬盘）前，应做好硬盘内文档、文件的备份（原则上，文档、文件的备份工作应定期做好）后才能执行。

Acronis Disk Director Suite（中文有称其为磁盘分区王）是一款硬盘管理工具软件，本文介绍它用以对硬盘分区删除、重建分区，重建系统的操作。该软件可从网上下载，并安装。

① 启动 Acronis Disk Director Suite。双击 Acronis 的快捷方式图标，启动 Acronis，如图 2-3-40 所示。

② Acronis 的主界面如图 2-3-41 所示。

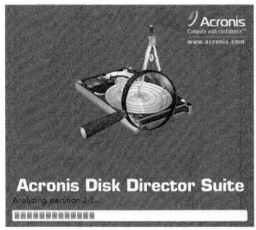

图 2-3-40　启动 Acronis

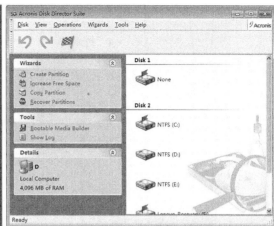

图 2-3-41　Acronis 主界面

③ 单击 View/Manual Mode 命令，如图 2-3-42 所示。

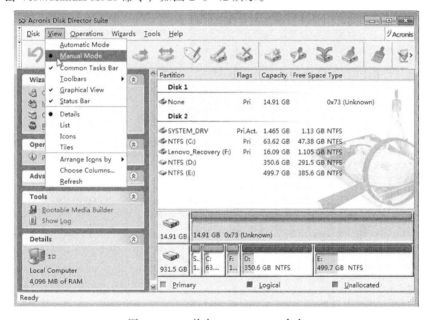

图 2-3-42　单击 Manual Mode 命令

④ 选定待删除的分区（如 C）后，单击 Delete 按钮，如图 2-3-43 所示。

⑤ 弹出 Delete Partition 提示对话框，若确定删除所选定的分区，单击 OK 按钮，如图 2-3-44 所示。

⑥ 重新创建磁盘主分区。C 主分区被删除后，原 C 主分区的磁盘空间将转变为绿色的自由磁盘空间。单击 Create Partition 按钮，弹出 Create Partition Wizard 提示对话框，单击 Next 按钮，如图 2-3-45 所示。

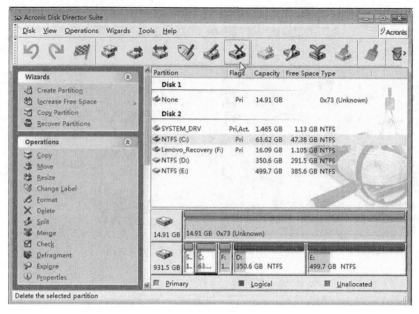

图 2-3-43　删除分区

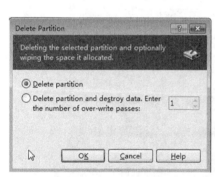

图 2-3-44　提示对话框

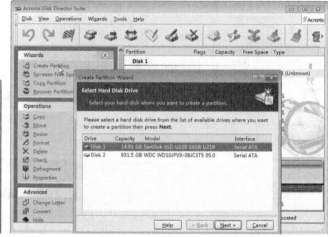

图 2-3-45　Create Partition Wizard 提示对话框

⑦ 单击主界面上方的 Commit（提交）按钮，向导将执行所确定的操作。

⑧ 接下来应对所建立的主分区进行高级格式化操作。对受到病毒严重破坏的微机，最好对主分区分别进行 FAT32 文件格式的格式化操作和 NTFS 文件格式的格式化操作。第一次对分区执行 FAT32 文件格式的格式化操作，重启后进入到这一步，再对主分区进行 NTFS 文件格式的格式化操作，然后安装系统（或以相反的顺序执行）。此举能够较为干净、有效地清除主分区中的病毒。

⑨ 格式化操作完成后，安装向导继续进行操作系统的安装。安装的操作步骤与普通操作系统的安装相同。

⑩ 操作系统重装完成后，应立即安装杀毒软件，更新病毒库。

⑪ 完成病毒库的更新以后，应立即执行全硬盘的病毒扫描和查杀，并且一定要进行彻底的查

杀，然后才能运行其他应用软件。

注意：在没有清除全硬盘的病毒前，不能打开资源管理器（最好通过"我的电脑"进入 C 盘），进入 C 分区以外的其他分区。否则，可能重新使 C 分区感染上病毒。

Acronis Disk Director Suite 的其他功能：

① 无损硬盘数据的更改：磁盘分区的大小（分区分割、分区合并），移动硬盘分区设置，硬盘分区复制等。

② 硬盘修复工具：扫描和恢复丢失的分区，专业化地对硬盘进行引导记录表操作和 16 进制编辑等。

③ 多系统安装：设置、控制多系统启动界面。

（4）低级（物理）格式化硬盘，重新对硬盘进行分区、重装系统。

① 参考实验 1.3 "4. 硬盘低级格式化"一节所述，对被病毒严重破坏的硬盘进行低级格式化处理（应慎重、小心处理）。

② 对经低级格式化处理的硬盘，按实验 1.3 "1. 使用 Windows 安装光盘进行分区"一节所述，完成硬盘的分区设置。

③ 高级格式化硬盘的主分区和各逻辑盘。

④ 安装操作系统和应用软件（重建该机的软件系统）。

6. 实验总结

本实验是学习并掌握信息安全的知识，了解病毒、黑客和木马，从而能够有效地处理影响计算机系统安全的问题。实验内容主要包括计算机系统、用户数据的备份保存，硬盘数据、U 盘数据的挽救，病毒的清除。

思考与练习

1. 为什么要进行系统备份？系统备份的方法有哪些？
2. 为什么系统备份和数据备份不能存放在系统盘中？
3. 磁盘数据挽救能够成功的基本条件是什么？
4. 数据备份保存的方法有哪些？
5. 清毒四步曲都有哪四步？它们的效果如何？
6. 如何才能保证系统重装后，系统中的病毒已完全清除？
7. 为什么硬盘经过低级格式化操作后不可能再有病毒存在？

实验 3.2　计算机的维护与维修

计算机系统由硬件和软件构成，其运行不可避免地会发生各类故障。计算机的故障有硬件方面的故障，也有软件方面的故障，据不完全统计，80% 以上的计算机故障为软件故障。根据经验，检查、排除计算机的故障，应遵循从软（件）到硬（件）、由外（主机外）到内（主机内）的思路和操作方法。

1．实验背景

规范的计算机应用和操作、良好的维护是计算机稳定运行的基本保证之一。计算机出现了故障，能够准确地判断出故障点是维修工作的要点，故障的维修需要有一定的技能和经验。本实验对计算机的故障进行一定的归纳，对计算机的维修技术进行一定的介绍。

2．实验内容

本实验内容包括系统软件维护与硬件维护方法的介绍，硬件维修方法的介绍，死机故障、黑屏故障、蓝屏故障的判断与维修；启动故障及其排除、运行故障及其排除、关机故障及其排除、网络故障及其排除。

内容还包括打印机、扫描仪、数码照相机、摄像头、复印机等办公设备的使用与维护介绍。要求读者掌握 BIOS 故障报警等故障的判断方法、硬件维修的方法等。

❑ 计算机的操作和维护

计算机系统由硬件系统和软件系统组成。要保证系统运行良好，必须做好计算机的维护工作。

1）软件维护

计算机故障大多数为软件故障。所以，要减少故障的发生率，重要的是做好软件方面的维护工作。一旦发生软件故障，自己能够有效地判断出故障点、故障发生的原因，以及故障修复的方法。如果是操作系统受损，可以自己动手修复系统，必要时重装系统软件。软件系统的维护归纳起来主要有以下 5 个方面：

（1）软件安装。使用正版软件安装。从网上下载软件、U 盘读/写前一定要先进行病毒查杀。

（2）安装补丁。及时更新安装软件厂商新颁布的软件补丁程序，是防止黑客攻击的有效举措。

（3）做好系统和数据的备份。

① 保管好随机购买的文档资料、光盘（适配卡、声卡、光驱等的驱动程序）等以备系统重装使用。

② 准备好系统盘、急救盘（系统分区备份、文件分配表备份、注册表备份等）。

③ 将自己建立的文档、处理的程序、文件直接存储在除 C 盘以外的非系统盘中。

④ 对自己建立的文档、处理的程序、文件，每次关机前都做好备份。

⑤ 做好收藏夹、地址簿、电子邮件等的备份。

（4）病毒防治。

① 病毒之防：使用正版软件，不随意读/写来历不明的软件；不随意打开电子邮件的附件，是预防病毒的必要之举。

② 病毒之治：计算机感染了病毒，方便和有效的方法是使用杀毒软件及时予以查杀并经常更新杀毒软件的病毒库。

（5）定期整理硬盘。定期清理硬盘中的垃圾文件，定期进行硬盘碎片的整理。

2）硬件维护

要保证计算机稳定、可靠地运行，需要养成规范化操作的习惯，做好计算机的硬件维护。

（1）培养良好的操作习惯。计算机具有很高的运行可靠性和稳定性，运行时用户在键盘上的任意操作不会损坏计算机的硬件。不过，良好的操作习惯和良好的计算机维护仍是必不可少的。

①　系统操作。

a. 不要频繁按 Power 按钮冷启动计算机。需要重启计算机时应尽可能以热启动方式启动，或按 Reset 按钮启动。

b. 安装、设置、优化系统软件和应用软件，要确保设备的驱动程序、应用软件在系统中无冲突。

c. 避免非法、强行卸载软件。

d. 尽量避免非法操作，特别是非正常关机。

e. 安装防病毒程序、建立防火墙，及时查杀病毒。

f. 严格防范病毒。

g. 系统默认的虚拟内存 C 盘上，虚拟内存的大小随运行的需求变化，这样的设置在计算机运行时会产生大量的磁盘碎片。将系统的虚拟内存设置在 C 盘以外的非系统盘上，且选取一个较大的固定值，可以避免大量磁盘碎片的产生。

h. 预先做好硬盘主引导记录、分区表和文件分配表的备份。

i. 做好系统、应用程序、用户文档文件的备份。

j. 定期做磁盘垃圾文件的清理。

k. 定期做磁盘碎片的整理。

②　外围设备的操作。

a. 硬盘驱动器执行读/写操作时，盘片在驱动器内高速旋转，此时绝不可移动或碰撞主机，否则极易损坏磁头或盘片。

b. 硬盘工作指示灯未熄时不能关机。硬盘工作指示灯亮时表示硬盘正在进行数据的读/写。这时如果断电或关机，极易损伤盘面。

c. 发生读盘死循环、硬盘灯常亮不熄时，应按【Ctrl+Alt+Del】组合键，或按主机面板上的 Reset 按钮重新启动计算机。应在计算机运行正常且硬盘指示灯熄灭后关机。

d. 对光驱的任何操作都要轻缓。尽量按光驱面板上的按钮进出托盘。不宜用重力强行推动托盘进盒，以免损坏进出盒机构。

e. 光驱正在读盘时不要按弹出按钮以强制弹出光盘。因为光驱读盘时光盘处于高速旋转中，此时强制弹出光盘，光驱在没有完全停止转动的情况下，仅经短时间延迟后即出盒，出盒过程中光盘与托盘会产生摩擦，可能划损光盘。

f. 光盘不使用时应及时从托盘中取出。托盘中长期保留盘片一是会增加激光头和盘片的损耗（盘片在光驱中，计算机启动时会自动读盘），二是重力会导致托盘变形。

g. 每次打开光驱后应关上，不要让托盘长时间暴露在外：一为避免灰尘进入光驱内部，二为防止托盘变形。

h. 不要使用劣质的、变形的盘片（磨毛、翘曲、有大量划痕的盘片），使用这样的盘片会大大降低光驱的使用寿命，甚至直接损坏光驱。

i. 拔取 U 盘应先执行安全删除操作，不要在 U 盘读/写时（指示灯亮时）强行插拔。

j. 闪存盘一般都有写保护开关，应该在闪存盘插入计算机 USB 接口之前切换，不要在 U 盘工作状态下切换。

k. 使用键盘时应避免过分用力敲击，过分用力地按键容易使键盘按键的弹性降低，导致按键失灵。

l. 使用鼠标按压左、右键时应避免用力过大。

（2）计算机维护。

① 主机。

a. 主机应放置在通风的地方，不宜放置在高温、高湿的地方。

b. 主机的放置要避开热源，如直射的阳光等。

c. 保证计算机外电源的质量，保证计算机各部分接触良好。

d. 计算机不要与空调、冰箱、洗衣机等家电共用同一个插座，因为这些电器启动或关闭时造成的电流不稳会对计算机产生不良的影响。

e. 主机的放置要远离强磁、强电。

f. 主机的放置要稳定，不要摇晃、防止坠落，离墙壁应有 20 cm 的距离。

g. 主机需要严格防止灰尘。灰尘容易受热物体和磁场的吸引，吸附在电器元件或电路板上妨碍热量的散发，它会加速芯片和电子元件的老化和损坏，引发故障。

h. 避免计算机较长时间不开机运行。

i. 计算机运行时，不要移动主机和显示器，不要随意接触、插拔计算机的电源线。

j. 计算机开机运行时，决不能插拔任何板卡配件。

k. 搬动计算机前先关机，拔下电源插头，并要在关机 2 min 以后再搬动计算机。

l. 移动计算机时避免剧烈振动。

m. 发现计算机有火星、异味、冒烟等异常现象，应立即切断电源。在故障没有排除前，决不能再开机。

② 外设。

a. 硬盘不要靠近强磁场，防止数据丢失（硬盘被磁化导致数据丢失）。

b. 电压不稳是硬盘的大敌，轻则造成数据丢失，产生坏道，重则造成硬盘的永久性损坏。

c. 安装光驱应保持其重心平稳。光盘高速旋转时，重心不平衡会发生振动，轻微的振动可使光驱不能读盘，重则可能损坏激光头。

d. 光驱靠激光头发出的激光束读取盘片中的数据信息，盘片上或激光头上蒙有灰尘，势必阻碍激光头的正常数据读取。

e. 清洗激光头不要用酒精，避免腐蚀激光头。

f. 光驱是易损件，延长光驱使用寿命的方法一是使用虚拟光驱；二是可以将经常播放的 VCD 或 MP4 光盘文件直接复制到硬盘上播放，以减少光驱的损耗。

g. 使用时降低显示器的显示亮度。显示器低亮度的使用一是可以减缓显像管灯丝和荧光粉的老化速度，延长显示器的使用寿命；二是避免高亮度对眼睛产生的强刺激。

h. 使用屏幕保护程序，不让显示屏上的内容长时间不变，防止由于局部老化而损坏显示器。

i. 做好显示屏表面的保护工作。彩显表面具有防眩光、高清晰度涂层，这是一层极薄的化学物质涂层，很容易被擦掉。所以，清洁屏幕表面时最好用脱脂棉或镜头纸从屏幕内圈向外呈放射状擦拭。

j. 使用机电式鼠标要注意桌面的光滑、平整与清洁，使用鼠标垫。

k. 机电式鼠标要保持内部滚动球的干净，尽量减少灰尘进入鼠标内。

l. 光电式鼠标要选择深色的鼠标垫。

❑ 硬件维修方法

对计算机实施硬件方面的检查和维修，必须在排除当前故障是软件故障的前提下才能进行。其好处有：一是可以减少维修的花费和时间，二是可有效防止故障被意外扩大。

计算机硬件故障检修的工具主要用到万用表、逻辑笔、主板检测卡、示波器、逻辑分析仪，以及各种诊断程序等。计算机维修一般在部件级进行，重点在于确定故障的成因和部件，然后将故障部件予以替换即可。检修的方法主要有：

1）直接观察法

直接观察法主要采用耳听、眼看、鼻嗅、手摸等方式对计算机进行故障排查。

① 耳听。开机时，注意听 BIOS 自检响铃的鸣响（参见附录 A）。自检响铃的报警声能直接报告该机是否存在故障，是否存在硬件故障以及故障发生的部位，这是有经验的维修人员普遍采用的最有效的计算机故障判断方式之一。

除 BIOS 自检响铃的报警声以外，电源风扇、CPU 风扇以及显卡风扇的运转声也是检查、判断计算机硬件故障的有效手段之一。

② 眼看，包括使用放大镜查看。对主板和板卡部件上的电子元件进行有无断线、断脚（芯片断脚）、短路、虚焊点的检查；观察芯片的表面有无焦色、龟裂、发黄等异常症状；仔细检查机箱中是否落有螺丝、金属杂物等。

③ 鼻嗅。若嗅到机器中有某种焦臭味，特别是电木焦味，必须立即切断外电源，然后打开机箱仔细检查焦臭味发出的部位，该点应是故障点。

④ 手摸。手摸检查一般由有经验的维修人员操作，应小心进行，避免无意中造成机器的损坏，更要注意避免可能造成的人体伤害。集成电路正常工作时的温度一般不超过 40℃～50℃。手摸检查是在计算机运行中，维修人员用手触摸芯片表面，如果手接触到的某芯片表面感觉很烫手，该芯片就可能为故障点，应进一步重点排查。

2）插拔法

插拔法一般用于直接观察法之后。上述对故障计算机使用直接观察法检查，发现并初步确定了故障所在的基础上，拔出疑为故障的部件，对该部件实施进一步的检查。

（1）插卡部件。发生在插卡部件（内存条、显卡、声卡等）上的故障大部分为"接触不良"故障。可把疑为故障的部件从插槽（座）中拔出，用橡皮仔细擦拭卡的金手指，清除其表面的污垢、锈斑后，插回插槽中再通电测试，"接触不良"故障一般即排除。

（2）主板。主板上可能存在的硬件故障通常采用插拔法进行检测和排除。具体操作方法如下：

① 将主板上所有的插件全部拔出。

② 除去主板固定螺钉，将主板取出机箱，在主板下方填上绝缘层。

③ 插上基本配置部件（电源插头、内存、显卡），通电测试。

3）替换法

替换法能够准确地检测出故障点以及故障部件。方法是将怀疑为故障点的部件拔出，将经测试确定是好的同等部件替换插入，然后通电测试；或将卸下的部件插入到运行正常的计算机上，然后通电测试。

4）比较法

比较法对确认故障和故障点十分有效。将怀疑为故障点的部件拔下，插入到一台能正常运行的计算机上进行测试，看计算机能否正常运行，即可断定该部件是否损坏。

若将部件放到相应的检测设备上进行比较测试，还能将故障确认到芯片级。如分别测试两块板卡的相同测试点，对比正确的波形、电压，即可确诊。

5）最小系统法

PC 的最小系统由微机的电源、主板、CPU、内存组成。PC 故障检测时，将除上述最小系统以外的所有设备拔除，然后通电测试。若最小系统能够启动运行，再逐一安插其他板卡和外设进行测试。一旦某一板卡、外设安插后不能正常启动，则该板卡或外设可能为故障点，再采用替换、比较法进一步予以确认即可。

6）振动敲击法

用手或双手轻轻敲击机箱外壳，促使可能存在的故障进一步暴露。该方法对接触不良或虚焊类的硬件故障，诊断效果十分明显。

7）测量法

使用测量设备进行检修，当属具有一定专业水平的维修人员之所为。将计算机保持停留在某一特定的状态，然后根据逻辑图，使用逻辑笔、测量仪测量特定点的电阻、电平、波形等，可准确地检测出故障以及故障的具体部位。

进一步的检测手段是：采用动态测量工具检测某些动态参数，准确地确定故障及其部位。动态参数检测需要设置一定的条件或编制测试程序在计算机上运行，用示波器或计数器观察有关组件的波形和脉冲，能准确地检测和判断出故障。

8）程序诊断法

在计算机上运行故障诊断程序能迅速地找到故障的位置，并能报告出故障的可能成因。运行故障诊断程序诊断计算机故障，操作简便、诊断效果好。

❑ 故障维修

计算机故障的维修包括死机故障、黑屏故障、蓝屏故障、启动死机、运行死机、随机性死机和关机死机等。

1）死机故障

死机故障包含系统自检死机（黑屏）、启动死机、运行死机、随机性死机和关机死机等。

死机故障的表现有：系统不能正常启动、显示器黑屏、显示窗口界面固定、软件运行非正常中断、键盘不能输入、鼠标无法移动等。

故障产生的原因：

① 主机存在致命性故障。

② 主板、CPU、显卡、内存条其中之一存在接触不良的情况。

③ 主机电源工作不稳定，存在干扰、功率不足的情况。

④ 注册表错误。

⑤ 驱动程序存在 BUG，或存在冲突。

⑥ 操作系统的系统资源堆栈被充满。

⑦ 虚拟内存不足。

⑧ 动态链接库文件被删除。

⑨ 某应用软件的兼容性不好。

⑩ 人为操作、维修错误所致。

2）黑屏故障

（1）故障产生的原因。导致计算机发生黑屏故障的原因很多，按从软到硬、由外到内的故障排除原则归纳，有以下几种：

① 外电源线路存在故障，外电源没有正常供电。

② 计算机与外电源接触不良。

③ 显示器的亮度、对比度旋钮意外"关死"。

④ 计算机开关电源损坏。

⑤ 硬盘或光驱的 IDE 数据线反接。

⑥ 显示器适配器（显卡）接触不良或显卡损坏。

⑦ 内存条的金手指与内存插座之间接触不良或内存条损坏。

⑧ 有金属异物（如螺钉等）落在主板上造成短路。

⑨ 主板上的 BIOS 芯片损坏或 BIOS 芯片接触不良。

⑩ CPU 超频过度。

⑪ CPU 接触不良或 CPU 损坏。

⑫ 主板损坏。

（2）故障排除方法。

① 用电笔检查计算机外电源是否供电正常，主机电源开关是否打开。

② 电源内的风扇是否旋转（这也是判断电源线接触是否良好的有效方法）。

③ 调试显示器的亮度和对比度旋钮。

④ 降低 CPU 的主频。

⑤ 根据 BIOS 报警声的鸣响次数和报警声的长短，力求正确判断发生的是何种故障（参见附录 A）。

⑥ 清洁显卡、内存条金手指。使用替换法检查显卡、内存条，确定后更换。

⑦ 检查主板、主板上的各电子元件。

3）蓝屏故障

蓝屏故障的成因有软件和硬件两大方面。

（1）软件原因。

① 重要文件损坏或丢失引发。

故障原因：驱动程序或.DLL（动态链接库）文件损坏，导致系统启动时给出蓝屏警告，蓝屏警告中会出现损坏文件名。

故障现象：蓝屏警告"Stop 0xC0000221 or STATUS_IMAGE_CHECKSUM_MISMATCH"。

解决方法一：采用提取文件的方法来解决。进入"故障恢复控制台"，使用 Copy 或 expand 命令从安装光盘中复制或解压缩受损的文件。

解决方法二：修复性安装。

② 注册表损坏引发。

故障原因：某个文件（或动态链接库文件）丢失或损坏，注册表错误。

故障现象：开机或调用程序时出现蓝屏警告"0xC0000135:UNABLE TO LOCATE DLL"。

解决方法一：文件丢失或损坏，按蓝屏信息中显示的文件名，通过网络或其他计算机找到相应的文件，复制该文件到 Windows\SYSTEM32 文件夹中。

解决方法二：蓝屏信息中没有显示文件名，可能是注册表损坏，采用系统还原或备份的注册表进行恢复。

③ 系统资源耗尽引发。

故障原因：运行某些内存占用多的应用程序，或同时运行多个应用程序耗尽了系统资源，或是病毒耗尽了系统资源，往往在执行保存复制操作时引发蓝屏或死机（这时打开资源状况监视器，其中的系统资源、用户资源、GDI 资源都处于 50%以下）。

解决方法：减少不必要的程序加载，关闭部分内存占用多的应用程序（如图形、声音和视频类应用软件），查杀病毒。

④ 虚拟内存不足引发。

故障原因：虚拟内存是 Windows 系统解决系统物理内存资源不足的主要方法，一般默认在主引导区中，具有本系统物理内存 2～3 倍的硬盘自由空间。如果实际的硬盘自由空间没有或太少，将导致运算错误而出现蓝屏。

解决方法：增加虚拟内存。

故障原因：需要使用的内核数据在虚拟内存或物理内存中没有找到，错误还预示硬盘有问题，相应数据损坏或受到病毒侵袭。

故障现象：蓝屏警告"0x00000077:KERNEL_STACK_INPAGE_ERROR"。

解决方法：使用"chkdsk /r"命令检查修复，或使用硬盘厂商提供的工具检测修复。

⑤ 光驱读盘时。

故障原因：光驱正在读取数据时，错误地按下弹出按钮，盘片弹出导致蓝屏。

解决方法：按屏幕提示放入光盘，然后按【Enter】键或【Esc】键恢复。

⑥ DirectX 问题引发

故障原因：DirectX 版本过低或过高，DirectX 与游戏不兼容或不支持；DirectX 重要的辅助文件丢失；显卡对当前的 DirectX 不支持等。

解决方法：升级或重装 DirectX。如果所用的显卡不支持高版本的 DirectX，尝试更新显卡的 BIOS 和驱动程序；否则，购买新显卡。

（2）硬件原因

① 内存超频或不稳定引发。

故障原因：内存条有 BUG，内存条的质量不稳定，引发随机性蓝屏故障。

解决方法：用正常频率试运行，或替换安装一根好的内存条进行试运行。确诊后再对症处理。

② 硬件兼容性不好引发。

组装的兼容机，或升级后的计算机运行出现蓝屏故障。并且在发生蓝屏后，反复检测、查找不到故障源，此时应考虑该计算机的配件之间可能存在不兼容。

解决方法：采用替换法进行检测，确认后更换配件。

③ 硬件散热不良引发。

故障原因：计算机的散热不良，CPU 及配件上的热量聚集过高。这类故障具有一定的规律性，计算机运行一段时间后即发生蓝屏、死机，有的伴随随意自动重启。

解决方法：改善计算机的散热性能。

④ 超频引发。

故障原因：超频或硬件存在问题（内存、CPU、总线、电源）。

故障现象：蓝屏警告 "0x0000009C:MACHINE_CHECK_EXCEPTION"。

解决方法一：降频运行。

解决方法二：更换相应的硬件。

故障原因：通常发生在与电源相关的操作，如关机、待机或休眠后。

故障现象：蓝屏警告 "0x0000009FDRIVER_POWER_STAE_FAILURE"。

解决方法一：重装系统。

解决方法二：重装系统后还继续出现相同的症状，更换电源。

⑤ 系统硬件冲突引发。

故障原因：系统硬件冲突导致运行时发生蓝屏。比较常见者是声卡、显卡、网卡相互之间，或与其他配件之间存在设置冲突而引发。

解决方法：查找出冲突源，重新进行设置驱动程序的安装。

⑥ 显卡或显卡驱动程序故障。

故障原因：通常由显卡或显卡驱动程序引发。

故障现象一：蓝屏警告 "0x000000EA:THREAD_STUCK_IN_DEVICE_DRIVER"。

故障现象二：蓝屏警告 "0x000000B4:VIDEO_DRIVER_INIT_FAILURE"。

解决方法一：升级显卡驱动程序。

解决方法二：升级后继续出现相同的症状，更换显卡。

4）启动故障及其排除

计算机的启动过程是故障的多发阶段，有硬件方面故障，也有系统软件方面故障。前述计算机的硬件故障大多在启动过程中发生，其表现形式主要为黑屏。

（1）软件故障。

故障原因：一般由问题驱动程序或系统文件损坏引起。

故障现象：蓝屏警告 "0x0000006F:SESSION3_INITIALIZATION_FAILED"。

解决方法：修复系统或重装系统。

（2）硬件故障。

故障现象：开机时发出很大的噪声（特别是冬季），运行一段时间后逐渐恢复正常。

故障原因：噪声发自电源、CPU 风扇、显卡风扇。主机的电源风扇、CPU 风扇、显卡风扇的转轴中缺少润滑油，以及风扇表面和散热器上聚集了大量灰尘。

解决方法：清除风扇表面及散热器上的灰尘。拆卸下发出噪声的风扇，揭开风扇转轴上贴的封口，向转轴中滴入一滴润滑油。

（3）内存故障。

故障现象：开机启动时黑屏，并伴有 BIOS 的故障报警。

解决方法：查相应 BIOS 的报警提示类别，确定故障，并分别处理。

① 接触不良。拔出内存条，擦拭内存条的金手指，重插入并保证其接触良好。

② 内存条损坏。更换内存条。

（4）显卡故障。

故障现象：开机启动时黑屏，并伴有 BIOS 的故障报警。

解决方法：查相应 BIOS 的报警提示类别，确定故障，并分别处理：

① 接触不好。拔出显卡，擦拭其金手指，重插入并保证其接触良好。

② 显卡损坏。更换显卡。

5）运行故障及其排除

计算机运行中发生的故障主要是软件故障，少数为硬件故障（主要是内存）。

（1）规律性死机。

故障现象：每次开机，计算机运行一段时间后死机。

故障原因：CPU 风扇不转，或 CPU 风扇损坏；显卡风扇不转或显卡风扇损坏。

解决方法：检查、确定具体的故障源，更换相应的风扇。

（2）随机性死机。

故障现象：运行中随机性出现非法性操作提示，并死机。

故障原因：

① 系统文件被更改或损坏。打开一些系统自带的程序时出现非法操作提示。

解决方法：找出受损的系统文件并修复之。

② 驱动程序未正确安装。如显卡驱动程序未正确安装，打开某些游戏程序时就会出现非法操作的提示。

解决方法：正确安装外设的驱动程序。

③ 病毒的大量自我繁殖，侵占了计算机的内存。

解决方法：清除病毒。

④ 内存条质量不好，有 BUG。经常出现随时机性非法操作提示，并死机，如图 2-3-46 所示。

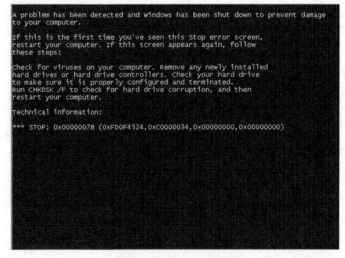

图 2-3-46　蓝屏死机

解决方法：更换内存条。

⑤ 软件不兼容。如大量 Windows XP 系统下的应用软件无法在 Vista 系统下运行。

解决方法：更换软件。

（3）系统忙。

故障现象：蓝屏警告 "0x0000003F:NO_MORE_SYSTEM_PTES 或提示'系统忙'。

故障原因一：应用程序打开太多。

故障原因二：执行了大量的输入/输出操作，造成内存管理问题。

故障原因三：驱动程序有 BUG；某个应用程序被分配了大量的内存。

解决方法一：关闭当前文档以外的所有文档，关闭所有后台的应用程序，再试运行。

解决方法二：重启计算机，再试运行该程序。

解决方法三：卸载所有最近新安装的软件（特别是增强磁盘性能的应用程序和杀毒软件）和驱动程序。刷新内存，再试运行。

（4）蓝屏并死机。

故障现象：蓝屏警告 "0x00000051:REGISTRY_ERROR"。

故障原因：注册表或系统配置管理器出现错误。由于硬盘物理损伤或文件系统出现错误，造成读取注册表文件时出现输入/输出错误。

解决方法一：执行 "chkdsk /r" 命令，检查并修复磁盘错误。

解决方法二：修复系统或重装系统。

6）关机故障及其排除

视窗操作系统不允许简单地即时切断电源关机。Windows 系统中的关机程序在接到关机命令后，需要完成下述各项任务，才能最后执行关机操作：

① 完成所有磁盘的写操作。

② 清除磁盘缓存。

③ 完成注册表中表项的注册。

④ 关闭当前所有运行中的程序以及关闭该程序窗口。

⑤ 将所有保护模式的驱动程序转换为实模式。

（1）无法正常关机

故障现象：正确执行关机操作后，但 Windows 不能正常关机。

故障原因：执行关机命令后，上述关机程序中的某项任务有问题，无法关闭该任务。

① 禁用快速关机。

a. 单击 "开始" / "运行" 命令，弹出 "运行" 对话框。

b. 在 "运行" 文本框中输入 msconfig，单击 "确定" 按钮，弹出 "系统配置实用程序" 窗口。

c. 在 "高级" 中选择并关闭 "禁用快速关机(F)" 选项。

如果此时计算机能正常关机，说明快速关机功能与计算机上安装的某些硬件设备不兼容，可以采用禁用快速关机方式解决。

② 检查 "高级电源管理（APM）" 功能。

a. 单击 "开始" / "设置(S)" / "控制面板" / "电源管理" 命令，弹出 "电源管理属性" 对话框，选择 "高级" 选项卡。

b. 检查其中的各项参数。

c. 重新启动计算机后，再关机检测。

如果计算机能正常关机，说明故障可能出在 APM 上，需要与厂商联系解决。

（2）关机挂起

故障现象：执行关机命令后 Windows 无法正常关机，屏幕上显示"正在关机，请等待（Please wait while your Computer shuts down）"的提示后停止反应（挂起），此时，屏幕中间仅出现一个无法移动的闪烁的光标。

解决方法：

① 使用热启动命令结束当前挂起的任务。

a. 按【Ctrl + Alt + Del】组合键，在弹出的对话框中单击"结束任务"按钮。

b. 在弹出的第二个对话框中再次单击"结束任务"按钮。

上述两项操作可能需要重复多次（视当前系统挂起的任务数而定）。

② 强行关机。

a. 按 Reset 按钮重新启动计算机。

b. 按住主机的电源"Power"按钮 4 s 不放，关机。

7）网络故障及其排除

网络的应用和普及是计算机应用和普及的深入，其负面之一是带来了大量网络方面的故障，排除计算机故障中的网络故障已成为计算机管理人员的主要任务之一。

（1）网络不通。

① 硬件方面。

故障现象：任务栏右边通知区域中，表示网络连接出现红叉，如图 2-3-47 所示；打开"任务管理器"对话框，无线网卡或网卡（Modem）项出现问号或红叉。

图 2-3-47　网络连接故障

故障原因：

a. 无线网卡或网卡、网线的连接存在保障，没有连接或连接不好。

b. 无线网卡或网卡与当前的计算机不兼容或计算机无法识别该设备。

c. 当前计算机安装有多个各种类型的板卡（声卡、内置 Modem 等），并且它们的中断地址与网卡存在冲突。

d. BIOS 设置中，"Integrated Devices"/"Network Integrated Controller"选项被设置为"off"。

解决方法：

a. 保证无线网卡或网卡（Modem）、网线的连接完好。

b. 更换无线网卡或网卡。

c. 调整设备的中断地址，保证它们不冲突。应保证网卡的 I/O、IRQ 值和 DMA 值不与其他设备相冲突。

d. 将 BIOS 设置中的"Integrated Devices"/"Network Integrated Controller"选项设置为"on"。

② 网络路由跟踪命令 Tracert。网络路由跟踪命令 Tracert 是一个基于 TCP/IP 协议的网络测试工具，利用它可以查看从本地主机到目标主机所经过的全部路由。无论在局域网还是 Internet 中，Tracert 运行后所显示的信息表示出一个数据包从本地主机到达目标主机所经过的路由，能清晰地反映出网络堵塞所发生的环节，从而为网络管理和系统性能分析及优化提供有力的依据。

命令执行：假设需要跟踪本机到 www.sohu.com 服务器。在系统的 DOS 提示符下输入：

Tracert www.sohu.com

③ 网络故障判断命令 ping。

a. ping 本机的 IP。

故障现象：图 2-3-48 所示表明网卡安装或配置，或网络连接存在问题。

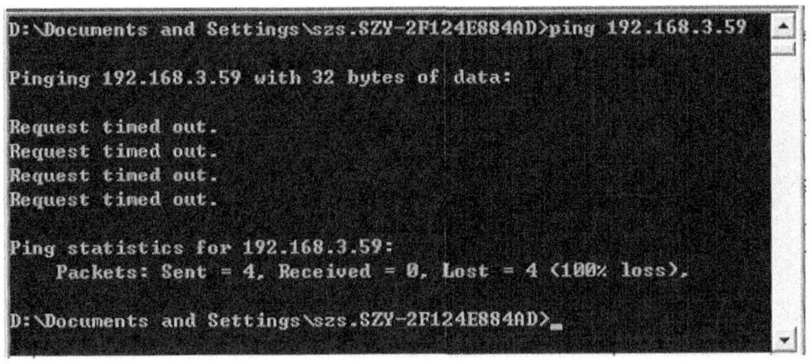

图 2-3-48　网络连接存在故障

解决方法：断开网线再执行该命令，显示的信息若正常，说明本机的 IP 地址可能与另一台正在运行的计算机的 IP 地址重复；若显示的信息不正常，说明本机的网卡安装或配置有问题，应检查和调整本机的网络配置。

b. ping 网关的 IP。图 2-3-49 所示表明局域网中的网关路由器运行正常。

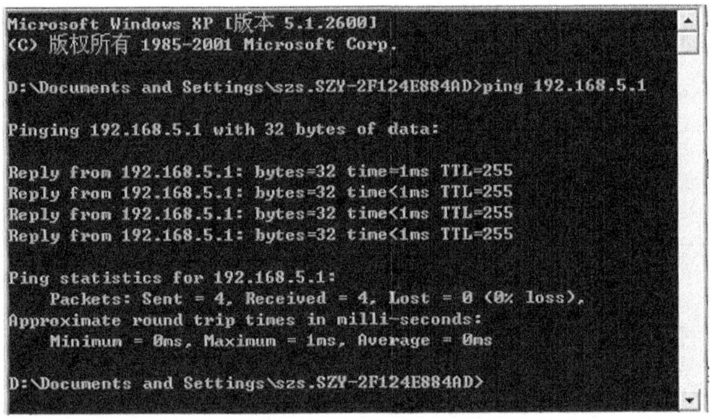

图 2-3-49　网关路由器运行正常

c. ping 远程的 IP。图 2-3-50 所示表明远程服务器运行正常，本机能够通过其正常连接进入互联网。否则，表明主机文件（Windows/host）可能存在问题。

```
D:\Documents and Settings\szs.SZY-2F124E884AD>ping 192.168.10.32

Pinging 192.168.10.32 with 32 bytes of data:

Reply from 192.168.10.32: bytes=32 time=1ms TTL=126
Reply from 192.168.10.32: bytes=32 time=1ms TTL=126
Reply from 192.168.10.32: bytes=32 time<1ms TTL=126
Reply from 192.168.10.32: bytes=32 time<1ms TTL=126

Ping statistics for 192.168.10.32:
    Packets: Sent = 4, Received = 4, Lost = 0 (0% loss),
Approximate round trip times in milli-seconds:
    Minimum = 0ms, Maximum = 1ms, Average = 0ms

D:\Documents and Settings\szs.SZY-2F124E884AD>
```

图 2-3-50　远程 IP 运行正常

（2）Windows 网络诊断

Windows 自带的网络诊断功能也很强，一般的网络不通故障可以直接使用 Windows 网络诊断予以排除。具体操作如下：

① 打开"打开网络和共享中心"窗口，单击"疑难解答"按钮。

② 弹出"Windows 网络诊断"对话框，Windows 将首先检测 Web 连接，然后检测名称解析，再检测网关配置，最后收集配置信息，如图 2-3-51 所示。

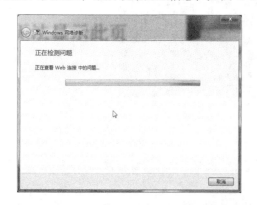
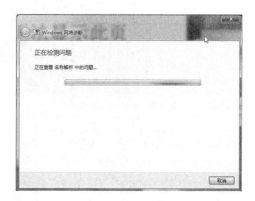
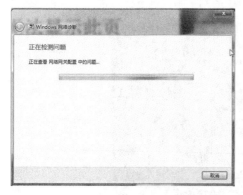
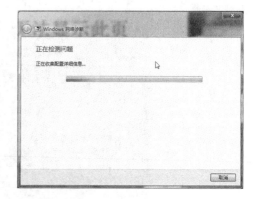

图 2-3-51　Windows 网络诊断

③ 最终给出是否已解决 Web 连接问题，如图 2-3-52 所示。

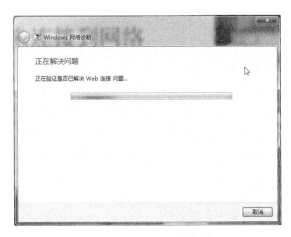

图 2-3-52　Web 连接解答

（3）网速太慢。

故障现象：连接上网后网速太慢，打开网页，上、下载等耗时太多。

故障原因：

① 所使用的计算机配置太差；网卡或 Modem 的型号太老；线路质量低劣。

② 网卡上绑定的协议太多；指定的访问互联网接口错误。

③ 上网的计算机太多，网络正处于运行的高峰期。

④ 本机受到病毒的攻击。

解决方法：

① 改善计算机的配置、网卡或 Modem。

② 错开网络应用的高峰期。

③ 清除病毒。

（4）解禁注册表编辑器。计算机受到来自网络的攻击，系统工具被禁用。

① 解禁注册表编辑器。解除注册表编辑器的禁用最简单的方法是运用 Windows 优化大师。
具体操作是：

　　a. 启动 Windows 优化大师，打开"系统安全优化和设置"对话框。

　　b. 单击"更多设置"按钮，弹出"更多的系统安全设置"对话框。

　　c. 取消选中"禁用注册表编辑器 regedit"复选框。

② 恢复组策略编辑器。

　　a. 打开注册表编辑器，定位到：HKEY_CURRENT_USER\Software\Microsoft\Windows\CurrentVersion\
Policies \Explorer。

　　b. 修改 RestrictRun 的键值为 0。

（5）指示灯的变化。通过 Modem、ADSL Modem 的指示灯的变化，能够方便地判断可能存在
的上网故障。

① 故障现象：ADSL Modem 的指示灯不亮。

故障原因：可能是 ADSL Modem 或电源适配器出了问题。

解决方法：检查电源的输入（Input）、输出（Output）。与厂商或维修中心联系，请求帮助和维修。

② 故障现象：设备自检灯（Test）长亮。

故障原因：Test 一般只在打开 ADSL 时才闪烁，设备自检完成，Test 指示灯应熄灭。若该指示灯长亮，表明设备未能通过自检。

解决方法：关闭 ADSL Modem 电源，然后重开。若问题不能解决，需与厂商或维修中心联系，请求帮助和维修。

③ 故障现象：同步灯（CD）一直闪烁。

故障原因：CD 灯表示线路的连接情况。CD 灯应在开机经自检后长亮，若 CD 灯一直闪烁，表示线路信号不好，或线路的连接有问题。

解决方法：

① 户内检查。检查入户后的分离器是否连接完好；分离器之前是否还存在有其他设备（如分机、防盗器等）；接线盒或水晶头是否完好；电话线是否有损；ADSL Modem 旁是否有无线通信设备（如手机等）。应保证上述各项处于完好的状态。

② 户外检查。请线路检修人员检查户外线路。

③ 上述检查若均无问题，则可能是本机的 ADSL Modem 与服务器中心交换机不兼容，应更换 ADSL Modem。

❏ 办公设备的使用与维护

1）打印机

（1）打印机的安装与使用

① 打印机的安放位置。

a. 打印机应放在水平、稳定的表面上。

b. 打印机放在容易连接计算机或网络接口电缆的地方，应方便切断电源。

c. 留出足够的空间以便于打印操作和维护，打印机前方留出足够大的地方以便于出纸。

d. 避免在温度和湿度骤变的地方放置打印机，打印机应远离阳光直射，强光源以及发热装置。

e. 避免将打印机放置在有震动的地方。

② 安装墨盒。参照随机附带的《打印机使用说明书》，装上墨盒。安装时注意以下事项：

a. 墨盒未准备使用，不宜拆去包装。

b. 拆去墨盒的盖子和胶带后，应立刻安装墨水盒。

c. 手拿墨盒，不可摸打印头。

d. 打印头含有墨水，所以打印头不能倒置，也不可摇晃墨盒。

e. 墨盒安装好以后，执行"打印头"清洗操作，将打印机调试到正常使用的状态。

③ 软件设置。Window 安装盘附带有部分打印机驱动程序，一般应安装随机附带的驱动程序，或从厂家的网站下载、安装与本机匹配的驱动程序。

a. 打开计算机任务栏设置中的"打印机"，将目标打印机设置为"默认打印机"。

b. 在应用软件的使用过程中，可根据需要对打印机进行"属性"设置。

④ 开机。先开打印机，再打开计算机。

⑤ 关机。

a. 关机前，应检查并确认打印机处于正常的待机状态。若打印机正在执行其他工作应等待其执行完成方能关机。

b. 关机时，应以关掉打印机电源键的方式关机，切勿以直接切断电源的方式关机，否则可能会产生严重后果。

c. 关机后，用布将打印机盖住，以免灰尘侵入对打印机造成损害。

（2）打印机的维护。

① 激光打印机需清洁的主要部件有：

a. 转印电极丝。转印电极丝紧靠感光鼓，是一精细的钢丝，可将吸附着墨粉的负电荷从感光鼓传到打印纸上。打印机使用一段时间后，会有一些残留的墨粉吸附在电极丝周围。可用柔软的小毛刷刷除电极丝周围的区域。注意不要弄伤电极丝旁线和感光鼓。

b. 静电消除器。静电消除器与转印电极丝平行，可用柔软的小毛刷清除其纸屑和墨粉，经常清洁此部位可减少卡纸现象。

c. 其他需要清洁的部件有：传输器条板、传输器锁盘、输纸导向板等，这些部件可用拧干的湿布擦拭。

② 清洁维护。

a. 要定期对打印机进行维护，清除机内的污染。如电晕电极吸附的残留墨粉、光学部件的脏污、输纸部件积存的纸尘等。

b. 可视部件维护。对可视部件进行清洁时，尽量用干布或只用少量专用清洁剂，以免其腐蚀变形。主要清除目标是机内洒漏的炭粉及残留的纸末。

c. 外部除尘。外部除尘可使用拧干的湿布擦拭。如果外表面较脏，可使用中性清洁剂。但不能使用挥发性液体（如稀释剂、汽油、喷雾型化学清洁剂）清洁打印机，以免损坏打印机表面。

d. 内部除尘。内部除尘的主要对象有齿轮、导电端子、扫描器窗口和墨粉传感器。内部除尘应使用柔软的干布擦拭，齿轮、导电端子可以使用无水乙醇。注意扫描器窗口不能用手接触，也不能用酒精擦拭。

e. 感光鼓和墨粉盒除尘。感光鼓和墨粉盒可用油漆刷除尘，注意不能用坚硬的毛刷清扫感光鼓表面，以免损坏感光鼓表面膜。

f. 清洁主电晕丝。联想 LJ6P 激光打印机自带主电晕丝，该清洁卡扣位于感光鼓底部的主电晕窗口边缘，在主电晕窗口上来回移动清洁卡扣即可清除主电晕丝上的残余墨粉。清洁完毕应将清洁卡扣归位。

g. 维护感光鼓。如果打印机使用时间较长，打印口模糊不清、底灰加重、字形加长，大多是感光鼓表面膜光敏性能衰退导致。用脱脂棉签蘸三氧化二铬（化工试剂商店有售）沿同方向轻轻、均匀、无遗漏地擦拭感光鼓表面，可使大多数感光鼓表面膜光敏性能恢复。擦拭时若用力过重，损坏感光鼓表面膜会导致感光鼓报废。

③ 更换墨粉盒和感光鼓。

a. 更换墨粉盒和感光鼓应根据不同机型的要求进行更换或加注，最好使用原厂家提供的耗材（不同机型对炭粉颗粒的要求是不一致的）。

b. 暂时不使用的新感光鼓和墨粉盒，不要拆开包装。

c. 安装新感光鼓或墨粉盒前，应水平轻轻摇晃五六次。

d. 取出的感光鼓和墨粉盒要水平放置，避免墨粉洒漏出来。墨粉是有毒物质，不要用手接触墨粉，更不能让墨粉进入眼和口。如果墨粉污染了手和衣服，应立即用水清洗。落在打印机内外的墨粉可用吸尘器吸除，用无水酒精擦净被污染处。

e. 墨粉将要用尽或墨粉重装后，打印效果可能很差。若打印效果差，可取出打印鼓摇一摇，再安装打印（取打印鼓应在打印鼓冷却后进行，否则可能被烫伤）。

f. 原装打印鼓，生产厂家要求在使用完墨粉后换鼓，不支持重装墨粉。因重装墨粉可能带来漏粉问题，导致打印机内部污染，也可能使光电器件受到不同程度的损害。打印鼓一般重装一次，用完后一般必须更换新鼓。

g. 更换感光鼓宜在较暗的工作室进行，切勿将感光鼓放在强光下。感光鼓暴露于光线下，将导致感光鼓损坏。

h. 感光鼓表面不能触及硬物，不能用手或不干净的物品触及感光鼓表面。如感光鼓有粉尘附着，只能用软毛刷轻轻刷去，不能使用任何清洁剂擦洗。

④ 操作注意事项。

a. 尽量避免打印信封类以及纸质超厚和两边厚度不一致等不规则纸张，以免影响机器辊轴等部件的平衡度，引发异常声音和纸张分离困难等问题。

b. 激光打印机在定影等工作时温度较高，禁止打印胶塑类材料，以免溶粘在辊轴上引起机器传动系统故障。

c. 为了延长打印鼓的寿命，打印草稿时，尽量将分辨率设置低些，颜色设置浅些。尽量避免打印鼓曝光，否则可能造成打印机机械性能上的损坏，严重的曝光可能导致打印鼓报废。

d. 禁止带电插拔板件，防止打印机主板被烧坏。要关闭电源后再进行擦拭；擦拭完成，待完全干燥后再打开电源，以免可能造成短路而烧毁元件。

e. 机内维护时注意不要触碰机内连线。采用绸质类清洁布擦拭，避免和减少布沫残留。

f. 不要让打印机靠近暖气片，更不要将电暖器直对着打印机，特别是石英管直射式电暖器。否则，除了造成不进纸外，还可能使喷墨头干结，从而造成不能打印。

g. 擦拭硒鼓要小心，要避免在硒鼓上出现人为划痕而影响打印效果。

⑤ 拆卸注意事项。

a. 使用后的打印机定影器温度较高，注意不要被烫伤。

b. 定影器不脏，建议不要取下定影器。

c. 从上往向下看，定影器上有三颗螺丝钉，不要卸下定影器前侧的两颗螺丝钉。

d. 定影器上有几条电路连线与主机相连，建议不要取下电路连线。

（3）打印机故障排除。

① 粘纸。

故障现象：粘纸问题一般表现为一次进纸两张或多张，造成打印机不能正常吃进而停机。

原因一：纸张较潮。

解决方法：把纸烘一下，放在暖气片上或显示器上烘就行，时间不要太长。

原因二：纸包装运输过程中受挤压时间较长，从箱中取出的纸往往形成一个整体，容易出现多张纸粘连的现象。

解决方法：装进打印机纸盒前，两手拿住纸的两头来回搓动，让每张纸散开，把纸碾成一个整齐的斜面，斜面朝下放进纸盒中，就不容易出现粘纸的现象了。

② 卡纸。关掉打印机的电源后再打开打印机盖，根据卡纸的情况决定是从外还是从内慢慢抽出卡住的纸。避免用蛮力取出卡纸，自己无法取出所卡的纸，应找专业人士帮忙。

抽纸时要小心，特别要防止有纸片残留在打印机内。避免打印机卡纸，应注意以下几个方面：

a. 打印前，检查一下打印机面板或进纸槽是否设有 "Paper Size Selector"（介质尺寸选择）开关，如果有的话，应根据所用的介质尺寸选择 A4 或 Letter，这样纸张进去时才不容易歪斜而造成卡纸。

b. 选用的纸张，厚度不宜过薄或过厚。

c. 检查纸张是否受潮。

d. 从进纸槽添纸，应先取出纸槽中剩余的纸张，新添的纸张与取出的剩余纸张一道整理弄整齐后，再放回进纸槽中。这样的操作可以避免打印时，一次抽取多张纸而造成卡纸。

③ 不进纸。打印机不进纸，一般表现为听见进纸轮沙沙响，但是纸不能被吃进，造成计算机提示打印机缺纸而停止打印。

原因：房间太干燥。纸张太干燥造成进纸轮与纸张的摩擦力减弱，打滑吃不进纸。

解决办法：增加房间的湿度。不过，一定要掌握好合适的湿度，否则易造成纸张受潮。

（4）操作举例。以联想 LJ6P+激光打印机为例，介绍激光打印机的日常维护、更换墨粉盒和感光鼓。

a. 关闭打印机的电源，拔去打印机电源线，关闭打印机出纸器。

b. 打开顶盖。端平打印机上方前部的顶盖，向上旋转到位时打开。顶盖向上旋转到位时，能听到打印机内部右侧锁定支撑的 "咔嗒" 响声。

c. 取出感光鼓。两手食指勾住感光鼓前沿两边的手柄，轻轻向上拉，取出感光鼓。从取出方向看，圆柱形的墨粉盒嵌在感光鼓后侧的卡槽中，墨粉盒本体为白色，右侧有一浅蓝色的手柄。

d. 抽出墨粉盒。将感光鼓平置，向前旋转感光鼓右后侧墨粉盒上的手柄关闭墨粉窗，直到转不动为止。沿感光鼓的后侧卡槽，将墨粉盒向右沿水平方面平拉，抽出墨粉盒。

e. 拆除定影器。联想 LJ6P+激光打印机定影器采用烘干后用压力棍加压固定的方式，定影器在顶盖前沿，用十字螺丝刀拧下右侧的定影器，右侧的螺丝钉略向右移，向上即可取出定影器。

2）扫描仪

正确地使用，有效地维护办公设备，是提高办公自动化工作的重要条件。归纳起来有以下几个方面：

① 仔细阅读产品说明书，对照说明书与产品实物确定各类接口和按钮的功能，注意产品的线路连接和技术指标，特别要注意产品的额定电压。严格按说明书的要求使用产品。

② 根据《产品说明书》的要求和步骤连接扫描仪。首先将连接线连接到计算机相应的接口上，接通扫描仪电源，再打开计算机。

③ 正确安装驱动程序和应用软件。将驱动光盘装入计算机的光驱中，然后按照操作向导的指示进行安装。

④ 扫描仪工作时不允许切断电源。应在扫描仪的镜组完全归位后，再切断电源，这对保持扫描仪电路芯片的正常工作非常有意义。

⑤ 一些 CCD 扫描仪可以扫描小型立体物品，一些锋利物品放置时，注意不要随便移动以免划伤扫描仪平面的玻璃（包括稿件上的钉书针）；放下上盖时注意不要用力过猛，以免打碎玻璃。

⑥ 部分扫描仪产品设计上没有完全断开电源开关，没有进行扫描操作时，扫描仪的灯管依然亮着。由于扫描仪灯管也是消耗品（可以类比于日光灯，但是持续使用时间要长很多），所以一段时间不用时，最好切断扫描仪的电源。

⑦ 扫描仪应尽量减少灰尘的侵入，避免阳光的直射。否则影响扫描仪塑料部件的使用寿命。

⑧ 扫描仪工作中会产生静电，从而吸附大量灰尘进入机体影响镜组的工作。因此，不要用容易掉渣儿的织物覆盖（绒制品、棉织品等）扫描仪，可以用丝绸或蜡染布等进行覆盖，房间适当的湿度可以减少灰尘对扫描仪的影响。

3）数码照相机

（1）数码照相机的使用和维护。

① 防尘。数码照相机在使用中一定要注意防烟雾、风沙。沙子容易刮伤相机的镜头、渗入，对焦环等机械装置会造成阻滞，烟雾会污染光学系统，影响拍摄效果。因此，不拍摄时应盖上镜头盖，在风沙大的地区相机应放在相机袋内。

② 防震。数码照相机是精密的光、电、机械设备，任何严重的震动都可能改变机械、光学系统的配合位置，损伤数码照相机。数码照相机要配备便于携带的挂绳，以避免跌落、碰撞。

③ 防水防潮。数码照相机要注意防水防潮。如果数码照相机溅到水、饮料，应立即关闭相机电源，擦干机身上的水渍，用橡皮吹球将各部位细缝中的水吹出，然后进行风干处理。风干后再测试相机是否有故障。

④ 防寒。过分寒冷可能导致数码照相机出现结露现象。数码照相机结露后将影响光学系统的正常效果，所以数码照相机需要注意防寒。最简单的防护方法就是将数码照相机放在衣服口袋中，让相机保持适宜的温度。

⑤ 防高温。数码照相机不能直接暴露于高温环境中，否则热涨效应可能改变相机部件的位置关系，影响正常使用。不要把相机放在高温的热源附近。夏天不要将相机遗忘在被太阳晒得炙热的汽车里。

⑥ 机身的维护保养。数码照相机要存放在干燥、洁净的环境中。存放前先把相机套、相机身和镜头上的指纹、灰尘擦拭干净，取出机内电池。

为了彻底清除灰尘，可先用大型的橡皮吹球吹落附着于机身的灰尘，然后使用柔软的棉绒布擦拭机身。在清洗相机时，切勿使用溶剂苯等挥发性物质，以免相机变形。

若发现机身有异常，不要自行拆卸。因为数码照相机在出厂时，厂家对配件的关系进行了严格的测试，自行拆卸可能损坏了光学配件或改变配件的位置，影响拍摄效果。

⑦ 镜头的维护保养。相机最脆弱的部件是镜头。要注意使用镜头盖保护镜头，不要用手触摸镜头，镜头有灰尘时用正确的方法清除。镜头上堆积有灰尘，可将一张镜头纸卷成小卷，并从中间撕断，利用断面自然形成的"毛刷"沾上少许镜头专用清洁液，从镜头的中心处向边缘旋转擦拭镜头，直至镜头干净为止。

⑧ 电池的维护保养。数码照相机依靠电池提供电能，如果数码照相机使用了不匹配的电池或是使用时不注意节省，电能会很快耗尽。为了延长拍摄时间，在使用数码照相机时要尽量节电。具体要求是：尽量避免不必要的变焦操作，避免频繁使用闪光灯，尽量使用取景器取景拍摄，减少使用 LCD 显示屏拍摄、浏览照片。

长时间不使用数码照相机，必须将电池取出，完全放电后，存放在干燥、阴凉的环境中。不要将电池与金属物品存放在一起，避免电池发生短路现象。

新电池或很久没有使用的电池，使用前需要足够时间的充电，否则电池的寿命会缩短，锂电池的充电时间一定要超过 6 小时，镍氢电池一定要超过 14 小时。充满电后不要立即将电池装入相机，应待电池冷却后再装入。取装电池时，要检查相机电池盒内的电池接触点是否洁净，必要时使用柔软、清洁的干布轻轻地擦拭触点。

⑨ 存储卡的维护保养。存储卡使用不当可能导致存储的信息丢失，甚至损坏存储卡。

取、装存储卡都需要关闭数码照相机电源，装入存储卡时要注意存储卡装入的方位，拍摄期间不要随意取出存储卡。

格式化存储卡时要注意，不同的数码照相机存储卡的格式化方式有所不同，许多数码照相机的随机存储卡在出厂时已进行过格式化，购买后可直接使用。对于个别格式化后才能使用的存储卡，可利用数码照相机的格式化功能格式化存储卡，若格式化了使用中的存储卡，会导致卡上存储的信息丢失。

存储卡在使用过程中需要注意的问题有：避免在高温、潮湿的环境下使用和存放存储卡，不要让存储卡受到重压，不要弯曲存储卡，对记录在存储卡上的重要信息应备份。

⑩ 液晶显示屏的维护保养。液晶显示屏价格很贵，且容易受到损伤，所以在使用过程中需要特别注意保护。

在使用、存放时，要注意不让液晶显示屏表面受重物挤压，不要脱手将相机掉到地上。若液晶显示屏表面脏了，可用干净的软布轻轻擦拭，也可使用 LCD 专用清洁工具清洁，千万不能用有机溶剂清洗。为了保护屏幕，可以在显示屏表面贴透明保护膜。

低温时，液晶显示屏显示的亮度会降低，这属于正常现象，一旦温度回升，液晶显示屏的亮度会自动恢复正常。

⑪ 数码照相机的维护保养工具。

a. 专用背包。高档的专业数码照相机都配备有专用背包。使用专用背包包装相机和镜头，可以有效保护设备。普通数码照相机虽然不必使用专业摄影包，也需要配置相机套来保护相机。

b. 清洁工具。常用的清洁工具有专用毛刷、橡皮吹球和镜头布。专用毛刷主要是用来清除机身的灰尘，专用毛刷尾部的小吹球，或专用橡皮吹球用于吹除镜头或机身上的灰尘。注意，软毛刷不能用于镜头的清理。

c. 镜头清洗液。镜头有难以清理的油污时，需要使用镜头清洗液清洗镜头。注意，千万不要频繁使用镜头清洗液清理镜头。

d. 镜头纸和高级麂皮。镜头纸或一小块高级麂皮是清洁镜头的专用工具，适合在拍摄过程中清洁相机镜头。

（2）摄像头的使用。

① 使用摄像头拍取照片。USB 摄像头不仅仅可以获取动态的影像信息，也可以捕获静态的图像。首先运行摄像头的主控应用程序，屏幕上出现动态图像时，使用摄像头对准所要拍摄的物体，然后慢慢调整镜头上的焦距旋钮（摄像头的焦距旋钮一般就是镜头的外框），当屏幕上显示的图像达到最清晰的状态时，对于有快门键的摄像头来说，按一下摄像头上的快门（目前多数摄像头都设计有快门键）即可。

② 录制录像。摄像头可以用来录制动态的图像，并能以 AVI 的格式保存。首先运行主控程

序，屏幕上显示出动态的图像时，打开功能设定对图像的亮度、色饱和度进行调整，同时可以旋动镜头上的光圈旋钮，让画质达到最完美的状态后，按下录像按钮即开始进行录像了。

③ 制作防盗系统。USB 摄像头体积小、安装方便、价格便宜。USB 摄像头用于监控或防盗系统需要具有自动开机、自动录像、自动停止、定时工作等特性。摄像头的连接和安装方法与上述相同，通过监控控制设定软件设定好录制图像的帧数、存放的位置以及摄像头感光灵敏度等，设定好以后就可以启动进行监控。当摄像头前方一旦有大型的物体影像晃动时，摄像即会自动开始录像。

④ 网络视频。摄像头的网络应用功能就是配合 Net meeting 实现网络视频。可以使用该软件登录到专用的网络会议服务器上，通过服务器可以将图像传送给对方，对方的图像也会传过来，从而实现面对面的聊天。

4）复印机

（1）复印机的使用。

① 复印机安装处应注意防高温、防尘、防震、防阳光直射，要保证通风换气环境良好。尽量避免搬动机器，应水平移动机器，不可倾斜地移动。机器的放置应左右各留出 90 cm，背面留出 13 cm 的空间（机器接有分页器，则需要留出 23 cm 的空间距离）。

② 每天早晨上班后，打开复印机预热半小时，以保持复印机内干燥。

③ 应保持复印机玻璃稿台清洁、无划痕、不能有涂改液、手指印之类的斑点，否则将影响复印效果。如有斑点，可使用软质的玻璃清洁物清洁玻璃。

④ 复印机工作过程中一定要盖好上面的挡版，以减少强光对眼睛的刺激。

⑤ 如果复印件背景有阴影，是因为复印机的镜头上可能有了灰尘，需要对复印机进行专业的清洁。

⑥ 复印机面板显示红灯加粉信号，应及时对复印机加碳粉，否则可能造成复印机故障或产生加粉撞击噪音。应摇松碳粉并按照说明书进行操作，切不可使用代用粉（假粉），否则会造成飞粉、底灰大、缩短载体使用寿命等故障，并且由于假粉的废粉率高，效果一般是得不偿失（实际复印量不到真粉的 2/3）。

⑦ 添加复印纸，应检查纸张是否干爽、洁净。复印纸叠顺整齐后放到相匹配的纸盘内，纸盘内的纸不能超过复印机所允许放置的厚度。为了保持纸张干燥，可在复印机纸盒内放置一盒干燥剂，每天用完复印纸后应将复印纸包好，放于干燥的柜子内。

⑧ 复印书籍等需要装订的文件，最好选用"分离扫描"性能的复印机，可以消除由于装订不平整而产生的复印阴影。

⑨ 每次使用完复印机后，要及时洗手，以消除手上残余粉尘对人体的伤害。

⑩ 下班时要关闭复印机电源开关，切断电源。不可未关闭机器开关就拔去电源插头，这样容易造成机器故障。

（2）复印机的维护。

① 保养时应关闭复印机主电源开关，拔下电源插头，以免金属工具碰触使静电复印机短路。

② 使用各种溶剂时应严格按要求操作，不耐腐蚀的零部件切不可使用溶剂清洁，应避免使用明火。

③ 一些绝缘部件用酒精等擦拭后一定要等液体完全挥发后再装回复印机，否则会使其老化。

④ 按说明书的要求使用润滑油。一般塑料橡胶零件不得加油，否则会使其老化。

（3）专业维修。如果出现以下情况，应立即关掉电源，请维修人员维修：

① 机器发出异响。

② 机器外壳过热。

③ 机器部分被损伤。

④ 机器被雨淋或机器内部进水。

3．实验总结

学习并掌握计算机操作和计算机维护的基本知识并能用之于实践。能够掌握计算机的维护维修知识和动手能力，外设的维护维修知识和动手能力以及部分部件的替换维修等。

练习与思考

1. 为什么说计算机发生的故障有 80% 以上是软件故障？

2. 防止计算机故障造成灾难的最有效的手段是什么？

3. 内存条接触不良会引发计算机什么类型的故障？若计算机发出 BIOS 的报警喇叭声，该是怎样的报警声？

4. 死机故障主要由哪些原因引起？

5. 有哪些原因会引发蓝屏故障？如何排除蓝屏故障？

6. 计算机故障维修，最有效、准确的故障点的判断方法是什么？

7. 为什么启动阶段是硬件故障的多发阶段？

8. 计算机故障的维修应遵循什么原则？为什么？

9. 如何使用 ping 命令判断网络故障？

附录 A | BIOS 自检响铃及其含义

计算机黑屏不能启动时，自检程序 POST 会从 PC 喇叭发出响铃提示信息，帮助查找发生故障的部件。不同公司的 BIOS 响铃提示及代码的含义如下：

Award BIOS

响铃	自检意义
1 短	系统正常启动
2 短	常规错误，请进入 CMOS SETUP 重新设置不正确的选项
1 长 1 短	内存或主板出错
1 长 2 短	显卡或显示器错误
1 长 3 短	键盘控制器错误
1 长 9 短	主板 BIOS（芯片）损坏
不断地响（长声）	内存接触不良或损坏
不停地响	电源、显卡与显示器未连接好
重复短响	电源故障
无声音无显示	电源问题

AMI BIOS

响铃	自检意义
1 短	内存（错误）刷新失败
2 短	内存 ECC 校验错误
3 短	基本内存（第 1 个 64 KB）错误，检查失败
4 短	系统时钟出错
5 短	中央处理器（CPU）错误
6 短	键盘控制器错误
7 短	系统实模式错误，不能切换到保护模式
8 短	显示内存错误（显示内存可能坏了）

9 短	ROM BIOS 检验错误
1 长 3 短	内存错误（内存损坏，请更换））
1 长 8 短	显示测试错误（显示器数据线松了或显卡插不稳）

Phoenix BIOS

响铃	自检意义
1 短	系统正常启动
3 短	系统加电自检初始化（POST）失败
1 短 1 短 2 短	主板错误（主板损坏，请更换）
1 短 1 短 3 短	主板电池没电或 CMOS 损坏
1 短 1 短 4 短	ROM BIOS 校验错误
1 短 2 短 1 短	系统实时时钟错误
1 短 2 短 2 短	DMA 通道初始化失败
1 短 2 短 3 短	DMA 通道页寄存器错误
1 短 3 短 1 短	内存 RAM 通道刷新错误（所有内存）
1 短 3 短 2 短	基本内存出错（内存损坏或 RAS 设置错误）
1 短 3 短 3 短	基本内存错误（很可能是 DIMM0 槽上的内存损坏）
1 短 4 短 1 短	基本内存地址线错误
1 短 4 短 2 短	系统基本内存（第 1 个 64 KB）奇偶校验错误
1 短 4 短 3 短	EISA 总线时序器错误
1 短 4 短 4 短	EISA NMI 口错误
2 短 1 短 1 短	系统基本内存（第 1 个 64 KB）检查失败
3 短 1 短 1 短	第 1 个 DMA 控制器或寄存器出错
3 短 1 短 2 短	第 2 个 DMA 控制器或寄存器出错
3 短 1 短 3 短	主中断处理寄存器错误
3 短 1 短 4 短	从中断处理寄存器错误
3 短 2 短 4 短	键盘控制器错误（在 CMOS 中将其设置为 Not Installed）
3 短 3 短 4 短	显卡 RAM 出错或无 RAM（显示内存错误）
3 短 4 短 2 短	显示器数据线或显卡接触不良，或显卡损坏
3 短 4 短 3 短	未发现显卡的 ROM BIOS
4 短 2 短 1 短	系统实时时钟错误
4 短 2 短 2 短	系统启动错误，CMOS 设置不当或 BIOS 损坏
4 短 2 短 3 短	Gate A20 门错误，BIOS 不能切换到保护模式
4 短 2 短 4 短	保护模式中断错误
4 短 3 短 1 短	内存错误（内存损坏或 RAS 设置错误）
4 短 3 短 3 短	系统第二时钟错误
4 短 3 短 4 短	实时时钟错误
4 短 4 短 1 短	串行口（COM 口、鼠标口）错误
4 短 4 短 2 短	并行口（LPT 口、打印口）错误

参 考 文 献

[1] 孙中胜，孙震宇，程文娟，等. 微型计算机组装升级与维护教程[M]. 3 版. 北京：高等教育出版社，2014.

[2] 刘瑞新. 计算机组装与维护教程[M]. 5 版. 北京：机械工业出版社，2011.